"十三五"职业教育部委级规划教材

服装款式设计与绘制

邓琼华　主　编
丁雯　戴莹　肖琳　副主编

中国纺织出版社

内 容 提 要

本书用简单易懂的方式，深入浅出地阐述了服装款式图绘制的基本规律和方法，内容包括服装款式设计的美学原理、服装款式构成要素、服装款式的分类设计、服装款式设计与流行趋势，同时从生产实际出发，讲解了服装款式图在服装成衣生产中的应用。力求通过本书的讲解透析服装款式图绘制的实质，帮助读者快速掌握服装款式设计方法。

本书既可以作为服装专业学生的学习用书，也可供服装设计人员及广大服装爱好者学习与参考。

图书在版编目（CIP）数据

服装款式设计与绘制 / 邓琼华主编. --北京：中国纺织出版社，2016.11（2022.2重印）

"十三五"职业教育部委级规划教材

ISBN 978-7-5180-2953-2

Ⅰ. ①服… Ⅱ. ①邓… Ⅲ. ①服装款式—款式设计—高等职业学校—教材 Ⅳ. ①TS941.2

中国版本图书馆CIP数据核字（2016）第221911号

责任编辑：张思思　　特约编辑：刘　洁　　责任校对：楼旭红
责任设计：何　建　　责任印制：何　建

中国纺织出版社出版发行
地址：北京市朝阳区百子湾东里A407号楼　邮政编码：100124
销售电话：010—67004422　传真：010—87155801
http：//www.c-textilep.com
E-mail：faxing@c-textilep.com
中国纺织出版社天猫旗舰店
官方微博 http://weibo.com/2119887771
北京通天印刷有限责任公司印刷　各地新华书店经销
2016年11月第1版　2022 年 2 月第 3 次印刷
开本：787×1092　1/16　印张：10.5
字数：118千字　定价：59.80 元

前言

服装款式设计是在一定社会、文化、科技环境中,依据人们审美需求,运用特定思维形式、审美原理和设计方法，先将设计构想以绘画手段清晰、准确地表现出来，然后选择相应素材通过科学剪裁方法和缝制工艺，将其设计完美地实物化。服装款式设计包括服装款式造型设计、服装款式结构设计和服装款式工艺设计三个方面。而在我国的服装设计教育中，倾向于强调服装的创意设计，而忽略了服装款式设计在实际工作中的具体应用。这对于服装设计专业的学生将来的就业是非常不利的。针对这种情况，本书对服装款式设计作了系统全面的讲述，并结合大量的款式图图例及款式图绘制步骤，加强学生的理解和动手能力的锻炼，同时还总结了多位教师的多年教学经验，从而大大缩短熟悉、适应工作岗位的时间，帮助学生更快、更强地融入中国成衣业的大市场。

服饰是无声的语言，服饰是流动的艺术。作为一个流动的艺术空间，我们怎样赋予着装艺术灵动的思想、深厚的文化、美观的视觉呈现？作为服装设计中的第一设计——服装款式设计至关重要，一条线、一个点就足以勾勒出一款款时尚、典雅、生动而又美好的服装样式。我们怎样运用点、线、面以及恰当的分割形式来创造符合人体的视觉空间呢？本书就是一把打开艺术殿堂大门的金钥匙，它将指引你成为一名真正的服装设计师。

书中通过绘制大量的款式图例来加强学生的理解，创新了款式设计的绘制方法，训练学生的款式设计能力，让学生掌握服装设计中的款式变化技巧，加强对服装部件的理解，对于学生进入服装企业工作有着直接的指导作用。通过学习和实践指导，使学生掌握服装款式图绘制的基础知识；培养学生较强的设计能力和实践表达能力；通过系统化的学习和训练，让学生掌握服装的绘制技巧，并恰当地运用它来解决设计中遇到的问题。

现代服装设计创意空间是无限的，但作为一名设计师一定要把握关键要素：以市场消费者需求为导向，突出自我的创新特色，关注作品的款式、色彩、材质、配饰之间的完美搭配；体现社会的审美潮流、设计合理、独特的板型，搭配良好、恰当的工艺，才能真正设计出成功的服装设计作品。

编著者

2016年5月

教学内容及课时安排

<table>
<tr><th>章/课时（64课时）</th><th>课程性质/课时</th><th>节</th><th>课程内容</th></tr>
<tr><td rowspan="3">第一章　概论
（4课时）</td><td rowspan="3">基础理论
（4课时）</td><td>一</td><td>服装的概念</td></tr>
<tr><td>二</td><td>服装设计的基本概念</td></tr>
<tr><td>三</td><td>服装款式设计的表现形式</td></tr>
<tr><td rowspan="2">第二章　服装款式设计的美学原理
（8课时）</td><td rowspan="10">基础理论及练习
（44课时）</td><td>一</td><td>服装形式美要素</td></tr>
<tr><td>二</td><td>服装形式美法则</td></tr>
<tr><td rowspan="4">第三章　服装款式构成要素
（20课时）</td><td>一</td><td>点、线、面的运用</td></tr>
<tr><td>二</td><td>服装外部造型设计</td></tr>
<tr><td>三</td><td>服装内部分割线设计</td></tr>
<tr><td>四</td><td>服装零部件设计</td></tr>
<tr><td rowspan="4">第四章　服装款式设计与绘制方法
（16课时）</td><td>一</td><td>女装款式设计</td></tr>
<tr><td>二</td><td>男装款式设计</td></tr>
<tr><td>三</td><td>童装款式设计</td></tr>
<tr><td>四</td><td>服装款式图绘制举例</td></tr>
<tr><td rowspan="5">第五章　服装款式图在服装成衣生产中的应用
（8课时）</td><td rowspan="5">基础练习
（8课时）</td><td>一</td><td>设计草图</td></tr>
<tr><td>二</td><td>服装设计定稿图</td></tr>
<tr><td>三</td><td>服装制作(工艺单)款式图</td></tr>
<tr><td>四</td><td>服装新品推广图</td></tr>
<tr><td>五</td><td>展示用服装效果款式图</td></tr>
<tr><td rowspan="3">第六章　服装款式设计与流行趋势
（8课时）</td><td rowspan="3">基础理论
（8课时）</td><td>一</td><td>服装的流行与发展</td></tr>
<tr><td>二</td><td>服装款式设计风格</td></tr>
<tr><td>三</td><td>流行趋势分析</td></tr>
</table>

目录

基础理论——

概论

课题名称：概论

课题内容：1．服装的概念

2．服装设计的基本概念

3．服装款式设计的表现形式

课题时间：4课时

教学目的：通过教学，使学生了解服装及服装款式设计的基础概念，掌握基本原理，为本课程的学习打下良好的基础。

教学方式：理论讲授、图例示范。

教学要求：1．通过教学，使学生了解服装的概念。

2．通过教学，使学生了解服装设计及服装款式设计的相关概念。

3．通过教学，使学生了解服装款式设计的各种表现形式。

课前准备：上网查阅相关资料，收集现在流行的服装照片及成衣款式图片。

第一章　概论

第一节　服装的概念

一、服装的起源

服装在人类社会发展的早期就已出现。古代人把身边能找到的各种材料做成粗陋的“衣服”，用以护身。人类最初的衣服是用兽皮制成的（图1–1），包裹身体的最早“织物”是用草制成的。在原始社会阶段，人类开始有简单的纺织生产，采集野生的纺织纤维，搓绩编织以供服用。随着农业、牧业的发展，人工培育的纺织原料渐渐增多，制作服装的工具由简单到复杂不断发展，服装用料品种也日益增加。织物的原料、组织结构和生产方法决定了服装形式。用粗糙坚硬的织物只能制作结构简单的服装，有了更柔软的细薄的织物才有可能制出复杂而有轮廓的服装。最古老的服装是腰带，用以挂上武器等必需物件。装在腰带上的兽皮、树叶及编织物，就是早期的裙子。

人类在生存和繁殖中创造了历史和服装的进步，人类的身体在逐渐失去自身天然的对自然侵害的抵抗能力的同时和服装的关系更加密不可分。因此也构成了人类各种生活方式和服装形态，服装在弥补生理不足的同时也在改变着人类自身并促进了文明。在现代，服装仍然是人类适应各种环境的必要装备，当人类的足迹进一步迈向极地地区，甚至进入太空时，也要利用服装来保持自身的机能。

图1–1

中国服装历史悠久，可追溯到远古时期。在北京周口店猿人洞穴曾发掘出约1.8万年前的骨针。在浙江余姚河姆渡新石器时代遗址中，也有管状骨针等物出土（图1–2）。可以推断，这些骨针是当时缝制原始衣服用的。中国人的祖先最初穿着的衣服，是用树叶或兽皮连在一起制成的围裙。后来，每个朝代的服饰都有其特点，这和当时农业、牧业及纺织生产水平密切相关。春秋战国时期，男女衣着通用上衣和下裳相连的“深衣”，如图1–3所示。大麻、苎麻和葛织物是广大劳动人民的大宗衣着用料，统治者和贵族则使用丝织物。部分地区也用毛、羽和木棉纤维纺织织物。汉代，丝、麻纤维的纺绩、织造和印染工艺技术已很发达，染织品有纱、绡、绢、锦、布、帛等，服装用料大大丰富。出土的西汉素纱禅衣，仅重49克，可见当时已能用桑蚕丝制成轻薄透明的长衣，如图1–4所示。隋唐两代，统治者对服装作出严格的等级规定，使服装成为权力的一种标志。日常衣服广泛使用麻布，裙料一般采用丝绸。随着中外交往的增加，服式互相影响，如团花图案的服饰是受波斯的影响；僧人则穿着印度式服装“袈裟”。唐宋到明代服式多是宽衣大袖，外衣多为长袍。清代盛行马褂、旗袍等满族服式，体力劳动者则穿短袄长裤。近代，由于纺织工业的发展，可供制作服装的织物品种和数量增加，促进了服装生产。辛亥革命后，特别是“五四运动”后吸收西方服式特点的中山服、学生服等开始出现。1950年以后，中山服几乎成为全国普遍流行的服装（图1–5），袍褂几近消失。随着大量优质面料的出现，服装款式也有发展。现代服装设计已成为工艺美术的一个分支，而服装生产也已经实现了工业化大批量生产。

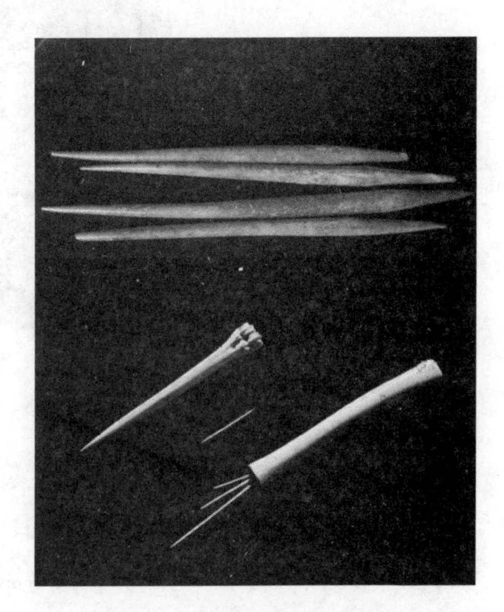

图1–2

图1–3

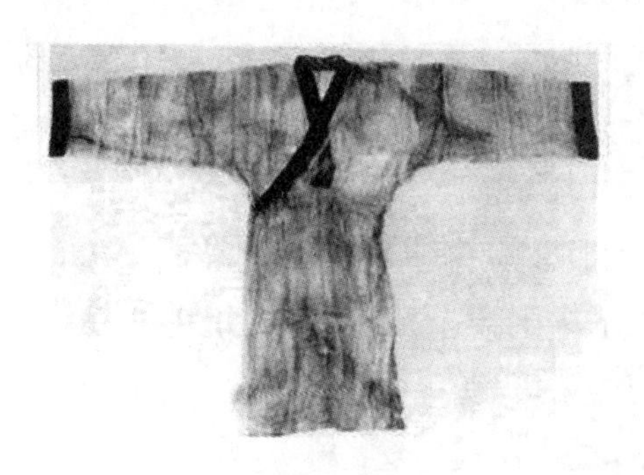

图1–4

图1–5

人类的出现以及文明、社会的发展是服装起源的最根本原因。没有人的出现，何来服装，所以动物是没有服装这个概念的，除了一些人为了取乐而饲养动物，给它们穿上可爱的衣服；没有人类文明的发展，何来服装，我们都知道最初的人类是不穿衣服的，发展到后来用简单的动物皮毛来包裹身体，最原始的目的是御寒，后来是遮羞，发展到现在，服装已经成为了一种展现美的形式，成为了一种艺术。

二、服装的概念

服装，穿于人体起保护和装饰作用的制品，其同义词有“衣服”和“衣裳”。中国古代称“上衣下裳”。广义的服装是指人与衣服鞋帽的总和，是衣服和人组合着装后的一种状态。在此基础上需要一定的装饰配件来陪衬，一般与服装搭配的装饰配件有：头饰、头巾、帽子、包、腰带、手套、鞋袜等。服装与装饰配件是一种有序的、科学的搭配关系，同时又是一种互补、协调的整体关系；狭义的服装泛指用织物材料制成的用于穿着的用品，普遍被认为是成衣和衣服，是日常生活的重要组成部分。

古代服装一般可分为两种基本类型：第一种是块料型：由一大块不经缝制的衣料包缠或披在人体上，有时用腰带捆住挂在身上，如古埃及人、古罗马人和古希腊人穿着的服装，如图1–6所示。第二种是缝制型：用织物或裘革裁切缝制成为小褂和裤子，这种原始

图1-6

服饰直到现在还留存在许多民族之中，如爱斯基摩人和中亚一些民族所穿的服装。

第二节 服装设计的基本概念

一、设计的概念

设计是对事物的设想、策划和确定方案。它是在一定的目的和意图指导下，进行创造性的构想，并将意图具体表示出来，包含从思维到实践，从设想到产品（作品）的完成，并证实设计的可行性、完整性和合理性。为了防止对设计狭义的理解，其设计范围不应仅限于设计作品本身，还应广义地理解，将使用方法、设计思维以及有关的生活方式等都归属设计的范畴。这将有利于开拓设计思路，有利于设计创新，克服搬搬抄抄的弊病。从这个意义上说，有如下几个要领：

（1）强调设计构思是设计的生命，是设计的核心，是设计成败的关键所在；

（2）强调设计构思内容的广泛性，把产品的功能、使用的材料、生产工艺与技术条件以及产品的造型、色彩、款式、纹样等设计内容作统一的设想；

（3）是强调设计的整体性；

（4）是强调意图展示的多样性，包括图纸展示、文字展示、模型展示和样品展示。

二、服装设计的概念

服装设计是指运用一定的思维形式、美学规律和设计程序，将其设计构思以绘画的手段表现出来，并选择适当的材料，通过裁剪方法和缝制工艺，使其设想进一步实物化的过程。服装设计包括：

（1）收集资料、构思，按产品要求（美学、技术与经济方面）绘图；

（2）选定设计方案，研究服装用料；

（3）样品制作；

（4）审查样衣（形式、面料、加工工艺和装饰辅料等）；

（5）制作工业化生产样衣，制定技术文件（包括扩号纸样、排料图、定额用料、操作规程等）。

服装设计要素包括：色彩、款式、面料三个方面。服装设计过程是对服装进行艺术造型并用织物或其他材料加以表现的过程。

服装设计是运用各种服装知识、剪裁及缝纫技巧等，考虑艺术及经济等因素，再加上设计者的学识及个人主观观点，设计出实用、美观、合乎穿者的衣服，使穿者充分显示自身的优点并隐藏其缺点，衬托出穿者的个性。服装是以人体为基础进行造型的，通常被人们称为是“人的第二层皮肤”。服装设计要依赖人体穿着和展示才能得到完成，同时设计还要受到人体结构的限制，因此服装设计的起点是人，终点也是人，人是服装设计紧紧围绕的核心。服装设计在满足实用功能的基础上结合人体的形态特征，利用外形设计和内在结构的设计强调人体优美造型，扬长避短，体现人体美，展示服装与人体完美结合的整体魅力，这也是服装设计的基本出发点。

三、服装款式设计的概念

服装款式设计也可称服装造型设计，是服装设计中非常重要的部分，也是服装设计的基础部分，是服装设计专业人员必须掌握的基本专业知识。款式又是构成造型设计的主体，包括整体和局部两部分，即服装的廓型、内结构线以及领、袖、口袋等零部件的配置（图1–7）。

图1–7

四、时装的概念

时装，指款式新颖而富有时代感的服装，有明显的时间性，每隔一段时间流行一种款式，成一时的风尚。时装制作和时装面料的生产都有很强的时间性，从而要求设计和生产者有充分的预见性。采用新的面料、辅料和工艺，对织物的结构、质地、色彩、图案等要求也较高，且讲究装饰、配套，在款式、造型、色彩、图案、缀饰等方面也不断变化创新、标新立异（图1–8）。

图1–8

时装就是时髦的、流行的服装。它包含三种状态：

（1）流行的先驱服装（Mode），是指流行服装的先驱作品，具有尝试性、探索性，是前所未有的创造。

（2）普及化的流行服装（Fashion），是指流行的时髦样式。是Mode作品被人们普遍接受而流行普及的服装。

（3）流行尾声、流行过后固定形式的服装（Style），是指流行普及后固定下来的定型服装。

五、高级定制时装的概念

高级时装（haute couture），是指为客户创制专属于个人的定制服装。高级时装是根据特定客户的要求而定，它是由极高品质的奢华材料和细致的缝纫工艺所制成，通常耗时较长，由纯手工技术制成。图1–9所示为Stephane Rolland品牌2013春夏高级定制时装。

图1–9

六、成衣的概念

成衣（Garments），指按一定规格、号型标准批量生产的成品衣服，是相对于量体裁衣式的制作和自制的衣服而出现的一个概念。成衣作为工业产品，符合批量生产的经济原则，生产机械化，产品规模系列化，质量标准化，包装统一化，并附有品牌、面料成分、号型、洗涤保养说明等标识，一般商场、成衣商店内出售的服装都是成衣（图1–10）。

图1–10

七、高级成衣的概念

高级成衣，是指在一定程度上保留或继承了高级定制服装（Haute couture）的某些技术，以中产阶级为对象的小批量多品种的高档成衣。它是介于Haute couture和以一般大众为对象的大批量生产的成衣之间的一种服装产业。高级成衣是按工业化标准生产的成衣时装，是对高级定制时装作简化后生产的产品，款式领先、设计顶尖，但它们不是高级定制时装，允许机械缝制。图1–11所示为Burberry品牌2013～2014秋冬系列服装。

图1–11

第三节　服装款式设计的表现形式

一、平面款式图

服装企业和公司中，服装款式设计的最常见的表现形式是平面款式图，其表现技法分为手绘和电脑绘制。服装款式图又称服装平面结构图，是直接表现具体型、结构线、零部件、缝制线、面料种类等的设计图，其主要功能是用于产品生产。因此，款式图的表现必须严谨、明确、清晰、比例准确、结构正确、表达详尽。

（一）服装款式图——手绘

1. 按比例

手绘款式图时首先要把握服装外形及服装细节的比例关系，各种不同的服装有其各自不同的比例关系。在绘制服装的比例时，应注意“从整体到局部”，绘制好服装的外形及主要部位之间的比例。如服装的肩宽与衣身长度之比，裤子的腰宽和裤长之间的比例，领口和肩宽之间的比例，腰头宽度与腰头长度之间的比例等。

2. 要对称

人体左右两部分是对称的，因人体的因素，服装的主体必然呈现对称的结构。因此在款式图的绘制过程中，一定要注意服装的对称规律。在手绘款式图时可以使用“对称法”来绘制服装款式图，先画好服装的一半（左或右），然后再沿中线对折，描画另一半的，这种方法可以轻易地画出左右对称的服装款式图。

（二）服装款式图——电脑绘制

1. 黑白线描

用电脑软件绘制服装款式图，只需要画出服装款式的一半，然后对这一半进行复制，把方向旋转一下就可以得到左右对称的服装款式图，常用的电脑绘图软件有CorelDraw、Illustrator、FreeHand、Photoshop等。

2. 面料图案填充

用电脑绘图软件可以扫描现有的面料、图片或手绘稿来设计各种不同的面料图案，并将其填充到绘制好的服装款式中。使用电脑软件最大的优势在于可以快速地进行面料图案的复制、剪切、合成及色彩的更换，设计师可以在很短的时间内设计出各种不同的配色方案，如图1-12所示。

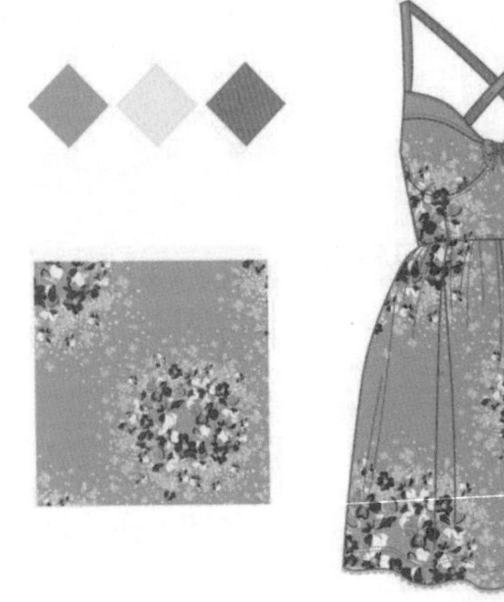

图1-12

二、服装效果图

服装效果图（effect drawing）是指表现人体在特定时间、特殊场所穿着服装效果的图。服装效果图通常包括人体着装图、设计构思说明、采用面料及简单的财务分析。

（一）服装效果图的作用

服装效果图是设计者表达服装款式造型设计意图的纸面绘画形式。服装效果图包括对款式线条造型、面料质地和色彩、加工工艺等外观形态的描绘和表达。效果图是款式设计部门与结构纸样设计部门之间传达设计意图的技术文件，是实现服装设计的依据。

（二）服装效果图的种类

根据服装效果图的表现形式，可将其分成具实型效果图、艺术型效果图两大类。具实型效果图：采用8～8.5头身高比例的服装人体绘制，服装穿着效果比较符合客观实际的一类服装效果图，如图1-13所示。艺术型效果图：采用9～12头身高比例的服装人体绘制，体现艺术效果和艺术风格，在服装造型上或作渲染、或作虚笔，是具有深刻内涵的一类效果图，如图1-14所示。

图1-13

图1-14

三、草图

在进行服装设计的时候，很多设计师会手绘一张草图，把服装的特点展现出来。草图是设计师根据流行趋势或者设计灵感来源初步画出的服装设计图，不要求很精细。可以简单地表现服装的造型、色彩、面料、配饰整体效果及统一与变化关系的协调，如图1–15所示的男装设计草图。

图1–15

思考题

1．通过书籍、杂志、网络等渠道收集2016～2017成衣流行趋势信息，分析流行元素。

2．根据流行元素，用线描的形式绘制一系列款式图（A4纸张，5款）。

基础理论及练习——

服装款式设计的美学原理

课程名称： 服装款式设计的美学原理

课程内容： 1. 服装形式美要素

2. 服装形式美法则

课程时间： 8课时

教学目的： 通过教学，使学生了解什么是形式美的标准，如何依据形式美法则完成设计作品。

教学方式： 理论讲授，图例示范，多媒体作品分析。

教学要求： 1. 通过教学，使学生了解形式美法则的要求。

2. 通过教学，使学生了解在作品中如何运用形式美。

3. 通过教学，使学生了解如何结合作品要求完成设计。

课前准备： 上网查阅相关资料，收集现在流行服装的照片及优秀的作品分析。

第二章　服装款式设计的美学原理

第一节　服装形式美要素

探讨形式美法则，是所有设计学科共通的课题。在日常生活中，美是每个人追求的精神享受。当接触任何一件有存在价值的事物时，它必定具备合乎逻辑的内容和形式。在现实生活中，由于人们所处经济地位、文化素质、思想习俗、生活理想、价值观念等不同而具有不同的审美观念。然而单从形式条件来评价某一事物或某一视觉形象时，对于美或丑的感觉在大多数人中间存在着一种基本相通的共识。这种共识是从人们长期生产、生活实践中积累的，它的依据就是客观存在的美的形式法则，称之为形式美法则。在人们的视觉经验中，高大的杉树、耸立的高楼大厦、巍峨的山峦尖峰等，它们的结构轮廓都是高耸的垂直线，因而垂直线在视觉形式上给人以上升、高大、威严等感受；而水平线则使人联系到地平线、一望无际的草原、风平浪静的大海等，因而产生开阔、徐缓、平静等感受。这些源于生活积累的共识，使人们逐渐发现了形式美的基本法则。在西方自古希腊时代就有一些学者与艺术家提出了美的形式法则的理论，时至今日，形式美法则已经成为现代设计的理论基础知识，并在设计构图的实践上，具有重要性。

形式美法则是一种艺术法则，是事物要素组合构成的原理，服装形式美法则就是指服装构成要素进行组合构成的原理。形式美基本原理和法则是对自然美加以分析、组织、利用并形态化了的反映。从本质上讲就是变化与统一的协调。它是一切视觉艺术都应遵循的美学法则，贯穿于绘画、雕塑、建筑等在内的众多艺术形式之中，也自始至终贯穿于服装设计中。主要包括比例、平衡、节奏、对比、强调等几个方面的内容。

第二节　服装形式美法则

一、比例

1．概念

服装的比例是指服装各个部位之间的数量比值，涉及长短、多少、宽窄等因素。

2．主要比例关系

主要比例关系有上衣与下装、腰线分割、衣长和领长、领宽和肩宽、附件与服装、附件与附件之间比例关系。

3. **运用**

（1）黄金比例：最优美的视觉比例，在服装设计中，黄金比例可简化为3：5或5：8，这一比例常用于古典风格的晚装和优雅套装设计中，如图2–1所示。

（2）根号比例：现实生活中多用于纸张、笔记本、纸袋等纸制品，由于较黄金比小，用于时装设计中，视觉上较为柔和，常见的为1：1.4，如图2–2所示。

图2–1

图2–2

（3）数列比例：用于服装上3个以上的多种比例，如等差数列、调和数列等，依照数列造型，不仅给渐变设计提供了数量限定，还会丰富渐变的表述，如图2–3所示。

（4）反差比例：将服装设计主要部位的比例关系极大地拉开，产生强烈的视觉反差效果，如图2–4所示。

图2–3

图2–4

二、平衡

1. 概念

平衡是指中轴两边的视觉趣味（色彩分配、面积形状、结构处理），分量是相等的、均衡的。

2. 运用

（1）对称平衡：即轴的两边造型、面料、工艺、结构、色彩等服装的构成元素完全相同，在服装设计中使用最多，形成的设计比较稳重，适合女性浓郁的古典风格设计，如图2–5所示。

图2–5

（2）不对称平衡：即轴的两边造型、面料、工艺、结构、色彩等服装的构成元素呈不完全等同状态，表现为构成元素的大小、形状、性质等不同，如不同的裁剪结构、色彩等，易产生不同寻常的变化效果，富有动感，如图2–6所示。

三、节奏

1. 概念

在服装构成中，节奏指运用造型要素的变化（点、线、面等排列的疏密变化、色块的明暗变化、面料相拼的质感变化）经反复、渐变、交替形成节奏感，来表达设计情调。

图2–6

2. 作用

节奏在服装上是客观存在的，对节奏感强烈的构成，就可称为服装的节奏设计，在服装作品中通过节奏产生的运动美感，抑扬顿挫的优美情调表现并传达人的心理情感。

3. 运用

（1）有规律的节奏：指同形态要素在一定范围内等距离的重复排列，又叫连续重复，规律性强，整齐易生硬，如图2–7所示。

图2–7

（2）无规律的节奏：指同一形态要素在重复时有大小、疏密、聚散的变化的重复排列，又叫自由重复，运动感强，灵活有变化，如图2-8所示。

（3）等级性的节奏：指同种形态要素按某一规律阶段性的逐渐变化的重复，是一种递增递减的变化，也叫渐变重复，流动感强，如图2-9所示。

图2-8

图2-9

四、对比

1. 概念

对比是两个性质相反的元素组合在一起，产生强烈的视觉反差，通过对比增强自身的特性，如过多运用则会使设计的内在关系过于冲突，缺乏统一性。

2. 运用

（1）形态对比：就是大小、面积对比，包括外轮廓、布料和饰物等服装设计元素本身之间、元素与整体的对比，是一种最简单的突出形象的方法，如图2-10所示。

图2-10

（2）外轮廓（面料）对比：从外轮廓进行构思，夸大服装某一部位，使服装外轮廓产生造型上的视觉差异，（面料的大小面积随外轮廓改变而改变，运用面料对比，可产生层次感和韵律美）如上大下小，上小下大等，如图2-11所示。

（3）饰物对比：饰物与面料进行大小面积对比，既可点缀服装，也可衬托服装自身风格特点，如图2-12所示。

（4）集散对比：服装造型的集散关系主要由面料打裥的密集程度、工艺装饰的分布、饰物的点缀效果、面料图案的繁简等构成的，运用集散对比，可使设计元素集中的地方获得凸显，从而可产生视觉趣味点，加强视觉停歇，如图2-13所示。

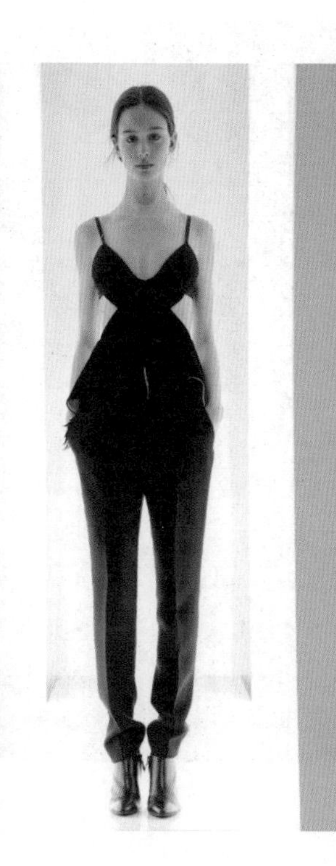

图2–11

图2–12

图2-13

（5）色彩对比：利用色彩对比可以使服装构图中的各个设计元素（面料、饰物、装饰线等）互为衬托，在视觉上产生丰富的韵律和节奏美感，如图2-14所示。

图2-14

（6）明暗对比：充分考虑上下装、内外装、服装与饰物间的黑白灰效果，另外还要注意黑白灰的穿插变化，以求丰富的层次感，如图2–15所示。

（7）冷暖对比：设计中充分考虑面积大的色块和面积小的色块的对比效果，这样可使小部分醒目，明确整款服装设计基调，注意色彩的交错变化，互为呼应，如图2–16所示。

图2–15

图2–16

（8）动静对比：服装的动静对比是由穿着、工艺、图案、面料等因素产生的，运用中只有动感，则杂乱无章；只有静感，则缺乏生气和活力，动静对比要适当，如图2-17所示。

①动态元素：曲线结构、飘带、花边、波浪下摆、面料图案的动感、面料轻薄等。

②静态元素：直线裁剪、素色为主、贴体为主、材质厚实、图案简洁明了。

（9）面料对比：根据面料的厚薄、粗细、软硬、光泽、毛糙等风格特点，进行内外、上下、前后、左右的穿插搭配组合，不同面料对比相同面料，形成不同肌理效果的对比，如图2-18所示。

图2-17

图2-18

五、统一与变化

1. 概念

统一与变化是解决局部与局部、局部与整体关系的原理，它能使构成服装设计的形状、色彩、材质等要素之间在整体上相互达到一种完整的、秩序的美感。

2. 运用

局部与局部的关系，设计中，上下内外服装的造型、饰物原料、色彩造型、面料手感、肌理风格等诸方面都要顾及局部与整体的关系，服装设计的局部应服从于整款服装的风格表现，其细节只是整体构思的一个组成部分，不能脱离整体而单独存在。比如蕾丝、花边、饰物材料、图案、收腰造型、色调等细节设置都要为塑造服装整体风格服务（图2–19）。

图2–19

六、夸张

1. 概念

夸张是艺术和创作中常用的手法。京剧的脸谱是夸张的，武侠小说更是充满了夸张和想象。夸张把事物的特征强调和凸显出来，使之非常醒目而令人印象深刻。

2. 运用

体现在造型上的夸张。夸张的部位往往是款式的重点，如肩、领、袖、下摆等处（图2–20）。

图2-20

七、呼应

1. 概念

呼应是艺术作品各部分之间彼此的对应关系，服装设计中指服装与服装之间、服装与各部位之间、服装与装饰形象之间的照应关系。

2. 运用

服装的上下或前后处理上的相互联系，领、袖、袋的同形、同质等，以求得服装的统一协调美感（图2-21）。

八、强调

1. 概念

强调是主次关系的一种特例，点占据了统领地位，而在数量和面积上占主要优势的部分却起着辅助作用，点起到引导视线的作用，并使整体增加生气。

2. 运用

（1）装饰美化：运用装饰手法和工艺手段对主要部位进行装饰美化处理（图2-22）。

（2）配套设计：利用服饰配件强调个性风格（图2-23）。

图2-21

图2-22

图2-23

思考题

1. 通过最新服装发布会作品，分析作品运用了哪种服装形式美要素。
2. 根据本章节所学知识用线描的形式设计一系列女装（8开纸张，5款）。

基础理论及练习——

服装款式构成要素

课程名称： 服装款式构成要素

课程内容： 1．点、线、面的运用

2．服装外部造型设计

3．内部线形分割设计

4．零部件设计

课程时间： 20课时

教学目的： 通过教学，使学生了解如何在服装中运用点、线、面、体完成设计的方法。

教学方式： 理论讲授，图例示范，多媒体作品分析。

教学要求： 1．通过教学，使学生了解如何在服装中运用点、线、面、体。

2．通过教学，使学生了解5种基础服装外造型的特点。

3．通过教学，使学生了解如何结合外造型特点完善内结构的设计。

课前准备： 上网查阅相关资料，收集当前流行的服装照片并分析当季流行的造型特点。

第三章　服装款式构成要素

第一节　点、线、面的运用

在服装设计中服装造型设计属于立体构成范畴，服装设计是运用形式美法则有机地组合点、线、面、体，形成完美造型的过程。点、线、面、体既是独立的因素，又是一个相互关联的整体。一项优秀的服装设计也就是在服装中对各个因素独具匠心的应用，同时又使整体关系符合美学基本规则。

一、点的应用

1. **点的概念**

（1）点是一切形态的基础，是设计中最小、最根本的要素，同时也是最为灵活的要素。

（2）当点以单独的形式出现的时候，并不体现它的优势，但是若以特殊的形式，如变化其色彩、造型等，便能引起人们视线的注意，变换视觉效果。

（3）造型艺术中，点是有宽度和深度的，如纽扣。

2. **点的空间位置**

（1）一个点。

①当一个点位于平面的中心时，有较强的吸引力和扩张力，而当点偏向一边时，则具有一定的方向感并处于运动状态。

②在服装设计中，设计师通常运用点的原理来点缀突破一般状态，使之成为设计的亮点（图3–1）。

（2）两个点。两个点同时存在于同一空间，会有线的感觉，且当两点距离不一时，给人的感觉也不同（图3–2）。

（3）多点。同一平面内，有一定数量、大小不一的点，按一定的形式美法则组合在一起，可产生节奏感、韵律感（图3–3）。

3. **点在服装设计中的运用**

服饰品、纽扣、点状图案等，能够强调服装的部位特征，起到衬托作用，同时也能吸引人的视线。

（1）作为面料的设计图案。以点为设计元素的面料（图3–4）。

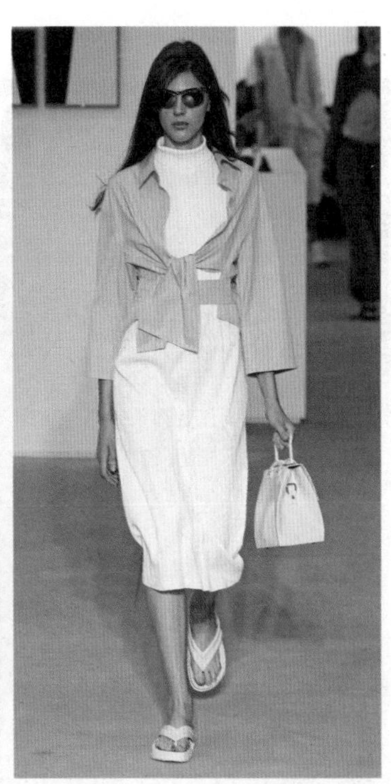

图3-1

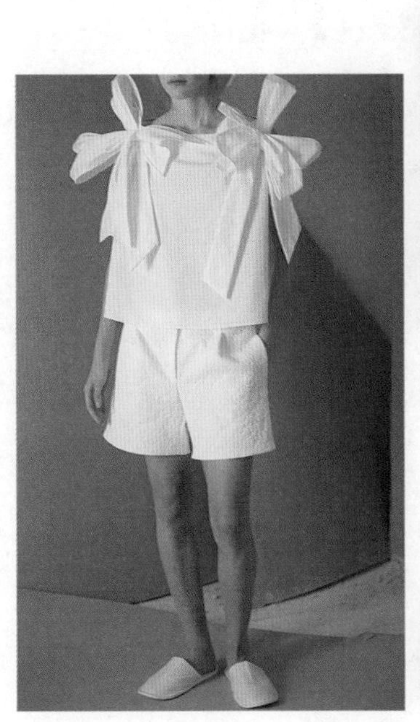

图3-2

WE'VE GOT YOU
COVERED WITH
THE HOTTEST
PUFFER JACKETS
AND COLOURFUL
BEAUTY ON
A BUDGET

图3-3

MILAN
/ RIO DE JANEIRO
/ SÃO PAULO
2015
SPRING
/ SUMMER
IN FASHION
The Raw, Organic Looks
Mark The New Milan
米蘭新風貌 展現不修邊幅的自然
PRADA Greets Spring
With Denims,
Creating '70S Vibe
PRADA 以丹寧迎暖春
打造七〇年代復古風情
FASHION
www.instyle-fashion.com.tw
定價：NT$450
EUR25.00 (ITALY ONLY)
書店銷售期限 104 年 3 月 31 日

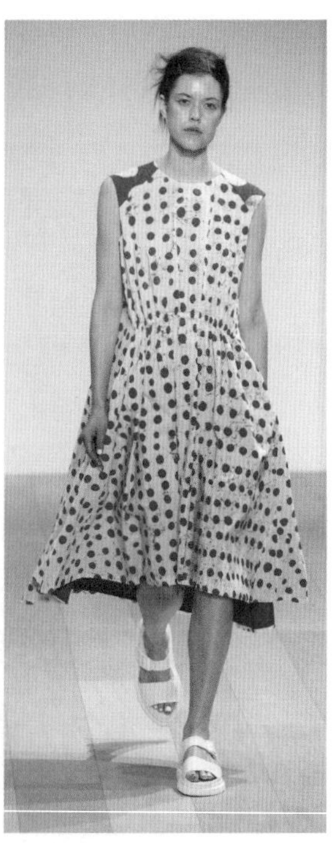

图3-4

（2）以点为元素的辅料设计：如纽扣、点状线迹等。

（3）饰物作为点的应用。胸花、肩饰、戒指等（图3–5）。

图3–5

二、线的应用

1. 线的概念

造型设计的线除具有几何意义外，还具有不同形态：色彩、厚度、质感等。

2. 线的分类

（1）直线（图3–6）。

①粗直线：厚重、坚强、有力。

②垂直线：有上升、严肃、端正的感觉，常用于男装。

③水平线：有稳定、庄重、静止、安详、柔和感。

④斜线：有运动、刺激、不安定的感觉，用于服装设计能产生活泼、轻松之感。

（2）曲线（图3–7）。

①几何曲线：能产生理智、明快、肯定、充实、饱满、圆润的感觉。

②自由曲线：柔软、优雅，并具有丰富的动感。

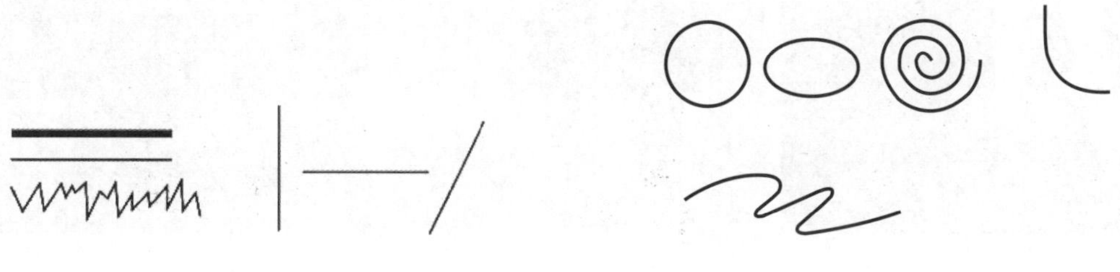

图3–6　　图3–7

3. 线在服装设计中的运用

（1）造型功能。服装的外轮廓线、结构线、分割线等都具有造型功能，如图3–8所示，服装的内结构分割线。

图3–8

（2）装饰功能。装饰线，服装上的装饰线有镶边线、嵌线、明缉线、装饰花纹、褶皱线等，如图3–9所示。

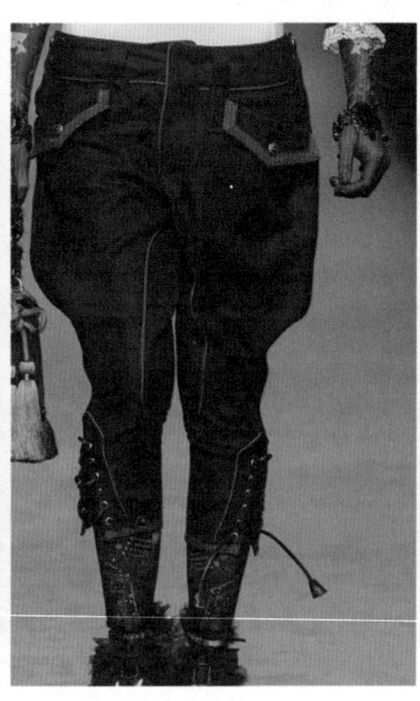

图3–9

（3）以线为元素的面料设计。服装面料中有很多以线状图案进行面料设计，如各种条纹、条格都可以看作是线状图案面料的应用（图3–10）。

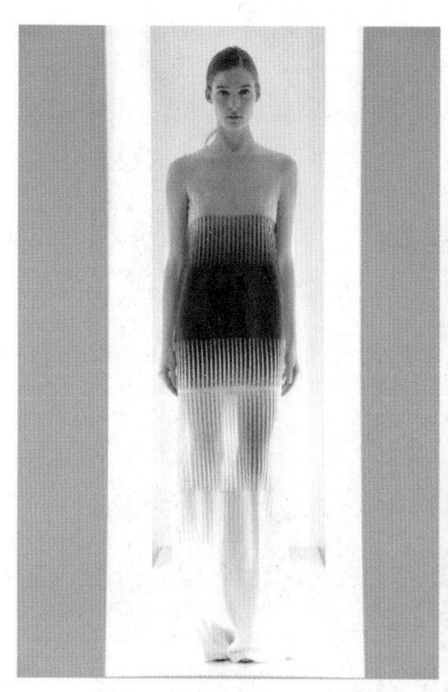

图3–10

三、面的应用

1. **面的概念**

造型学中的面常由点的多向密集移动而成，或由线的纵横交错构成。

2. **面的分类**

（1）直线形面：正方形、长方形等，有安稳、简洁、明了之感。

（2）曲线形面：圆、半圆等，有柔和、平滑之感。

（3）随意形面：由直线和自由曲线构成的面，有活跃、舒展、平滑之感。

（4）偶然形面：有洒脱、随意之感。

3. **面在服装设计中的运用**

（1）服装裁片，如前片、后片、袖片及分割面（图3–11）。

（2）图案造型。图案往往成为服装的特色，形成视觉的兴奋点，设计时应依据服装的效果，力求协调、符合形式美原则（图3–12）。

（3）零部件：服装中的领、口袋等都可以看作是服装中的面（图3–13）。

（4）饰品：包袋、围巾、披肩、帽类等，饰品的设计风格要与服装整体风貌相符（图3–14）。

图3-11

图3-12

图3-13

图3-14

第二节 服装外部造型设计

人体的基本结构和外形是相同的，通过服装的造型，可以对人的外形进行改造，使人体变成符合人们审美习惯的“型”，服装廓型是最能体现这种改造的结果。

一、服装廓型设计

服装廓型（silhouette）原意是：影像、剪影、侧影、轮廓。在服装设计上引申为外廓线、廓型等意思（图3-15）。服装廓型是一种视觉艺术形象，人眼在没有看清款式细节前首先感受到外轮廓，优美恰当的服装廓型不但能引起人的注意、造就服装风格、烘托服装气氛，还有助于展示人体美、弥补人体缺陷和不足，显露着装者的个性，增加其自信心。造型的背后隐含着风格倾向，设计者应该学会把握好这种倾向，从而使自己设计的服装廓型能更好地反映出服装的风格内涵。所设计的服装采用何种程度的体积？体积包含尺寸的松紧大小和材料的软硬厚薄等因素，有些设计指令对体积有比较明确的要求，有些则留给设计者自行处理。所设计的服装是由具有何种体型的穿着者所穿着？人与人之间的体型存在着明显的差异，即使是被视为具有“魔鬼般身材”的超级名模，其体型也有所不同，体型是服装赖以支撑的最好衣架，所以形容一个人体型好有“衣服架子”之说。体型的高矮

图3-15

胖瘦、凹凸起伏是服装廓型设计的重要参数，尤其是那些特殊体型者，更是设计者需要慎重考虑的对象。所设计的服装将达到怎样的对比效果？人体的上半身和下半身是充满对比的体型，这一特点决定了服装廓型总的外观要求是对比效果。

二、服装廓型变化

服装廓型是区别和描述服装的一个重要标志，不同的服装廓型体现出不同的服装风格。纵观中外服装发展，服装廓型的变化是服装演变的最明显的特征，如图3-16所示。

20世纪前期，女装由强调S型到不强调S型。1910年有了蹒跚裙，女裙第一次开衩。20世纪30年代女装设计强调自由、简洁，女性解放，裙长缩至膝盖，泳装还是较为保守。20世纪40年代，服装设计女装男性化，六分裤、七分裤流行。20世纪60年代中性服装、迷你裙一度盛行。20世纪七八十年代，喇叭裤和牛仔裤成为主流，迷你裙也被热裤代替。20世纪80年代后，现代主义盛行，审美观逆转，男子开始穿裙装。20世纪90年代，圆领、袖口收紧、下摆有边饰的长衫一度流行。

图3-16

（一）影响服装廓型变化的因素

影响服装廓型变化的因素有很多，包括人们的审美理想；人体审美部位的变化；审美文化及传统、服装使用功能等。

（二）影响服装廓型变化的服装部位

影响服装廓型变化主要是由组成服装的主要部位肩部、腰部以及围度尺寸底摆线等的变化。

1. 肩部

服装肩线的位置，肩的宽度、形状的变化都会对服装的造型产生影响。肩是服装造型设计中受限制较多的部位，肩部的变化幅度远不如腰和底摆自如，服装廓型再怎么变化，肩部都难有太大的变化。纵观服装发展，服装肩部处理，无论是平肩还是溜肩，垫肩还是耸肩，都是在肩的形态上做变化，20世纪80年代意大利设计师乔治·阿玛尼夸大肩部造型的宽肩设计是对服装肩部造型的一大突破，皮尔·卡丹风靡欧美的翘肩女装，灵感来源于东方古都紫禁城的角楼飞檐（图3–17）。

图3–17

2. 腰部

腰部是影响服装廓型变化的重要部位，腰线高低位置的变化，形成高腰式、中腰式、低腰式。根据腰线位置高低和围度尺寸的宽窄可把腰部的形态变化分为两种：一种是高腰设计、中腰设计和低腰设计；另一种是束腰设计和宽腰设计。前一种是根据腰节线的高低划分，服装的腰节线与人体的腰节相对应时是中腰式，中腰服装比较端庄自然，如职业装设计中经常采用中腰式设计，服装的腰节线高于人体腰节时称为高腰，高腰服装显得人体纤长，低腰设计则会给人以轻松随意的感觉如图3–18所示，由左至右分别为高腰设计、中腰设计、低腰设计。

3. 围度尺寸

服装围度尺寸变化对服装廓型的影响最大，围度尺寸设置在服装发展的不同历史时期，经历了自然、夸张、收缩等不同形式的变化，从西方服装发展中我们可以知道西方女

图3-18

性用裙撑夸张臀围（图3-19），后来又用紧身裤来收缩围度，不同的围度尺寸让服装具有了不同的造型效果。

图3-19

4. 底摆线

底摆线是服装廓型变化较多的部位，其形状变化丰富，是服装流行的标志之一。底摆在上衣和裙装中通常称为下摆，在裤装中通常称为脚口。底摆的长短宽窄直接影响到廓型的比例和时代精神，在服装底摆的变化中演示着服装的变化，如图3-20所示，为不同年代底摆线的长短变化。底摆的变化在很大程度上反映出服装流行与否，我们经常会说今年流行长裙或宽摆裙之类的话，看一名女士是否跟得上流行，只要看她的裙子长短就可以了。

除底摆的长短变化外，还有围度和形状的变化，如大底摆、小底摆；直线底摆、弧线底摆、折线底摆；不对称底摆和对称底摆，给人的感受是不一样的。底摆线的形态使得服装的廓型呈现多种风格和形状。近年来正在流行的裙摆就有各式各样的不对称形式，为服装增添了活泼和趣味的效果（图3–21）。

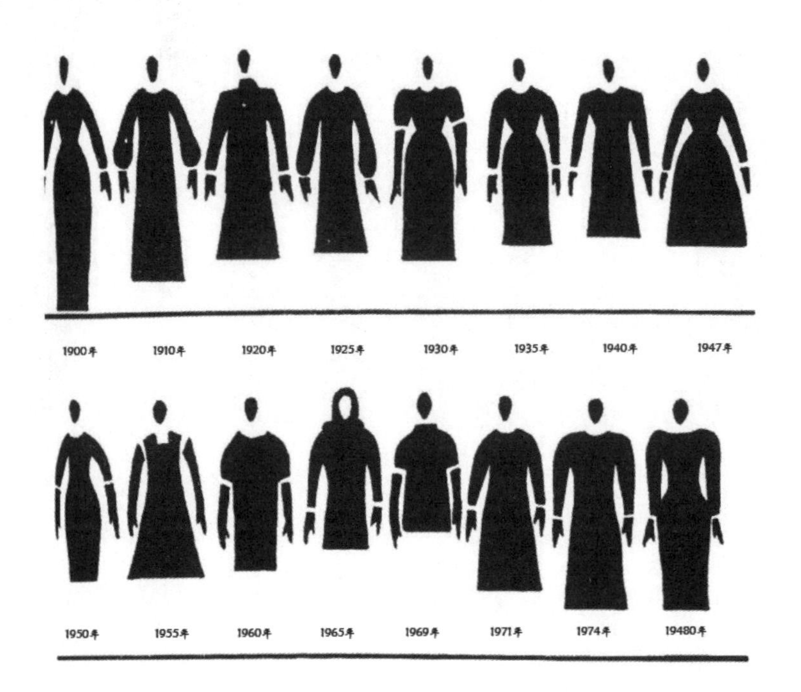

图3–20

图3–21

三、服装廓型的分类

服装轮廓有以下几种分类：

（一）以字母分类

以字母命名服装廓型是法国时装设计师迪奥首次推出的。在千姿百态的服装字母型廓型线中，最基本的有五种：A型、H型、O型、T型、X型，在西方服装发展中，经常用来描述服装变化的字母形也是这几种，在现代服装设计中，这几种服装廓型也是最常用的。

在此基础上，几乎可以将所有对称的英文字母都能用来描述服装廓型，如I型、M型、U型、V型、Y型等。字母型分类的主要特点是既简单又直观地表达了服装廓型的特征。

（二）以几何造型命名

当把服装廓型完全看成是直线和曲线的组合时，任何服装的廓型都是几何体的组合，如长方形、正方形、圆形、椭圆形，梯形、三角形、球形等，这种分类整体感强，造型分明。

（三）以具体事物命名

大千世界物体形态无所不有，它们的外形也可以利用剪影的方法变成平面的形式，再抽象成几条线的组合就会成为一个优美简洁的外轮廓，这些廓型经常被设计师借鉴运用到服装变成中，如气球型、钟型、喇叭型、酒瓶型、木栓型、磁铁型、帐篷型、陀螺型、圆桶型等，这种分类容易记住，便于辨别。

（四）以专业术语命名

如公主线型、直身型、细长型、自然型等。

具体分类如下：

1. H型轮廓

H型也称“箱型、筒型”服装，是一种外形为近似于等分的四边形服装廓型。其造型特点为：平肩、不收腰、筒型下摆，形似大写英文字母H而得名。H型服装具有修长、简约、宽松、舒适的特点。第一次世界大战以后，H型服装在欧洲颇为流行，但当时还没有以英文字母命名。1954年H型由法国设计大师迪奥正式推出，1957年再次被法国大师巴伦夏加推出，被称为“布袋型”，20世纪60年代风靡一时，80年代初再度流行。这种服装造型夸张肩宽和胸围，缩短服装正常长度，使人想到清代、民国年间的短马褂造型，给人的总体印象是别致、健美、端庄。一般为黄金比例，即长与宽之比为1：1.618。它与人体躯干比例基本相同，在其基本构成上具有最直观的美的功能。在男装的设计中使用广泛，从外形轮廓、肩部装饰线到口袋造型，多以直线与方形的面构成，给人以庄重、平稳感，能较好地体现男性气质。女装的设计有时也借用了男装的方形与直线，形成中性化时装（图3–22、图3–23）。

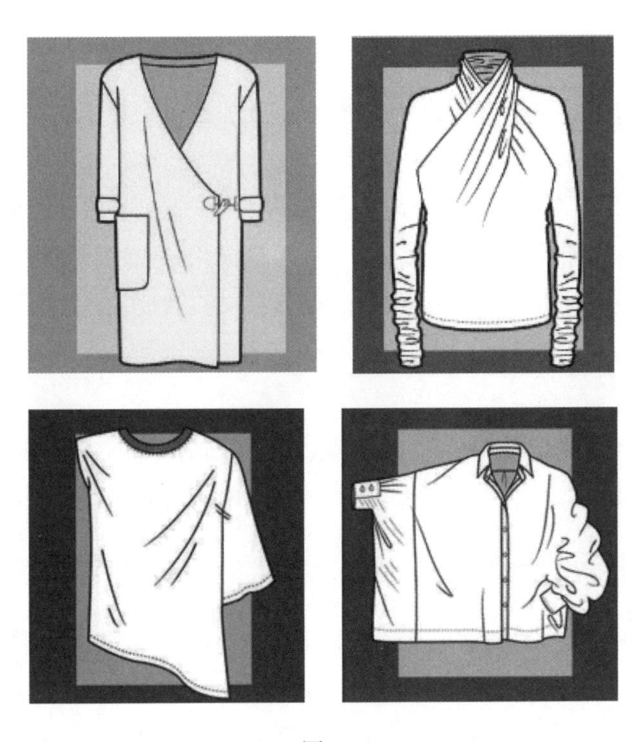

图3–22

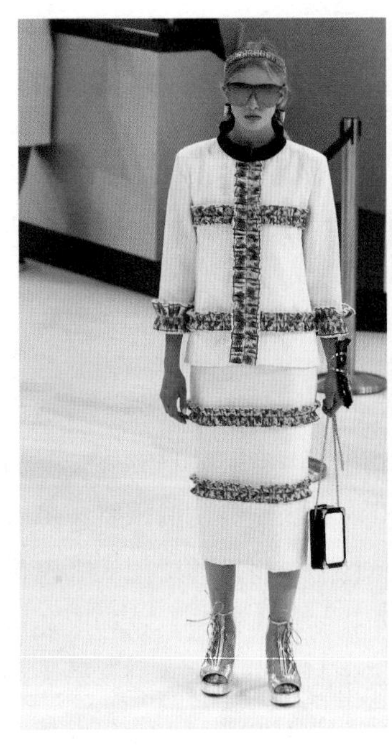

图3–23

2. A型轮廓

A型廓型也称正三角形廓型，A型具有活泼、潇洒、流动感强、富于活力的特点。1955年由迪奥首创A型线，称为A-Line。A型廓型20世纪50年代在全世界的服装界都非常流行，在现代服装中也一直有着重要的位置。

A造型特点：三角形轮廓线服装的立体造型呈圆锥形，犹如欧洲13～14世纪流行的"哥特式"服装造型。一般表现为紧上身、蓬松曳地大摆女礼服。三角形轮廓服装分为正三角形和倒三角形两种。正三角形廓型给人的感觉是稳重、端庄、古典。传统服饰中的夜礼服、女性婚礼服等设计多采用正三角形，富有神圣感、崇高感、神秘感及上升感；倒三角形廓型也就是后面讲的T型（图3-24、图3-25）。

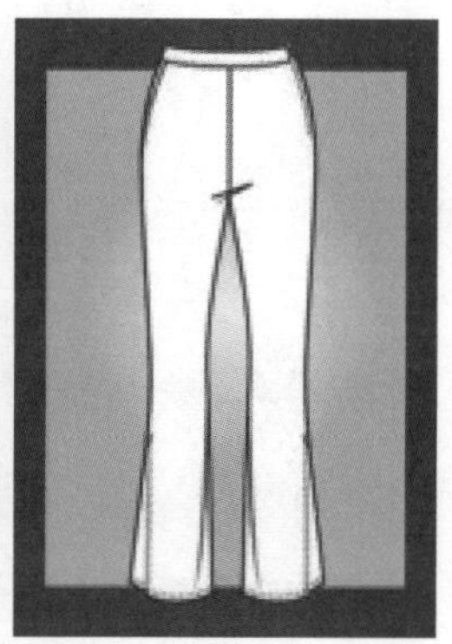

图3-24

图3-25

3. T型轮廓

T型也叫倒三角形廓型，其造型特征为肩部夸张、下摆内收，形成上宽下窄的造型效果。T型廓型具有大方、洒脱、较男性化的性格特点。第二次世界大战期间曾作为军服的T型廓型服装在欧洲妇女中颇为流行。T型廓型给人的感觉是别致、现代、动感和时尚，现代时装造型的女上衣多采用倒三角形。倒三角形的设计经常出现在青年女时装、少女装中，尤其在创意类、前卫派的设计作品中应用较多，以此突出有刺激的个性（图3-26、图3-27）。

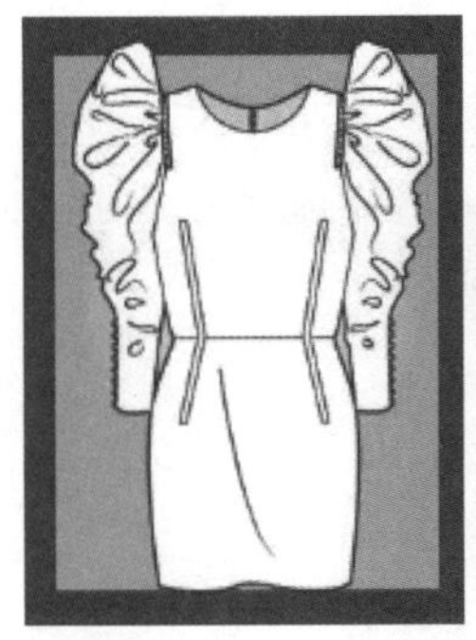
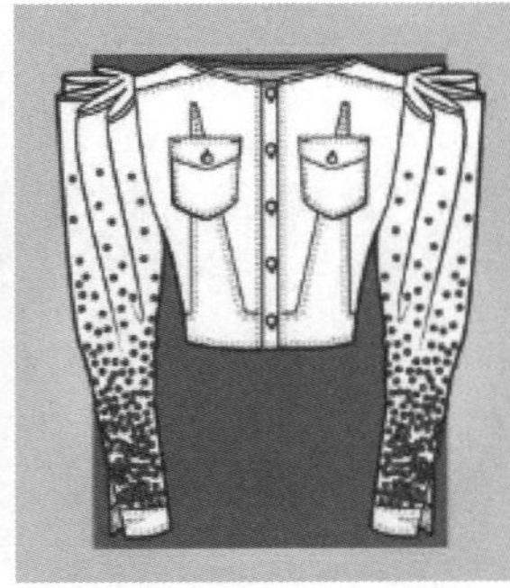
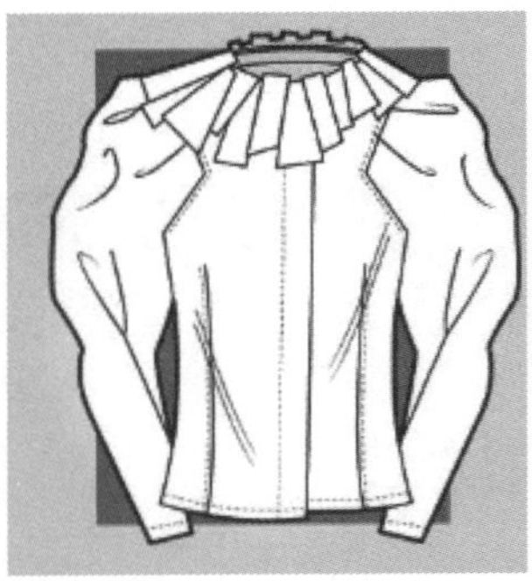
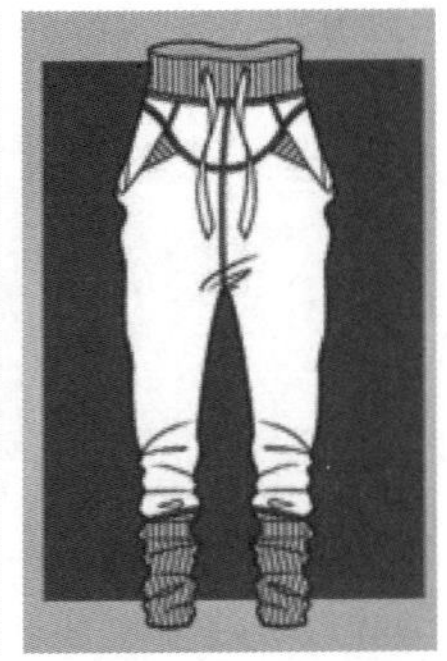

图3-26

图3-27

4. O型轮廓

O型廓型在服装的立体造型中呈球体型。西方服装界称“气球型”，与字母O相同。其造型特点多为下摆收缩，袖型多为插肩袖、连肩袖。该服装富有膨胀感、丰满感和圆润感，有别致的效果。一般为装有填料的宽松型，如冬季穿的羽绒服、春秋季穿着的夹克等（图3–28、图3–29）。

5. X型轮廓

X型线条是最具有女性体征的线条，其造型特点能表现腰部收敛，突出人体的腰部与

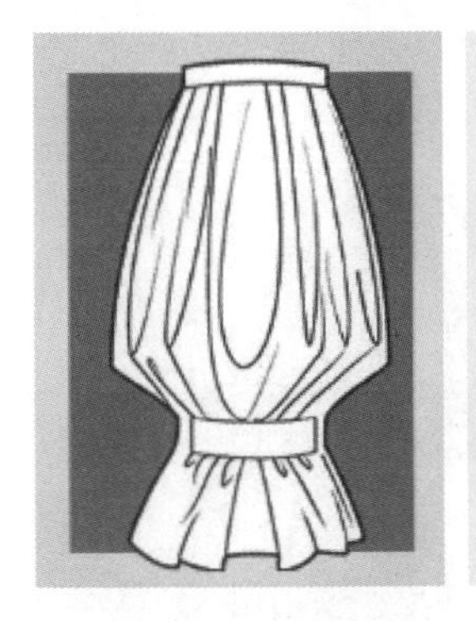
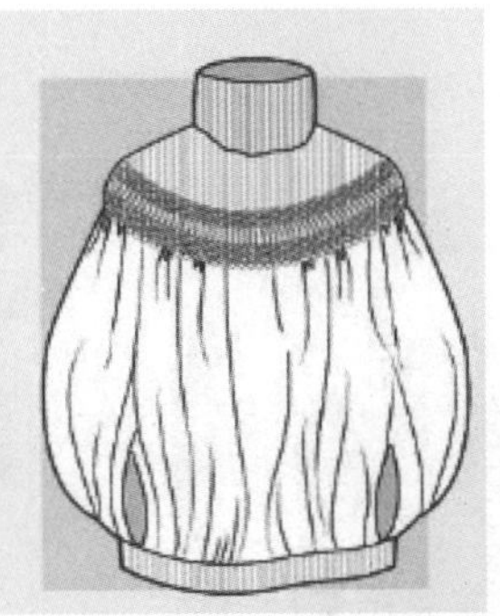

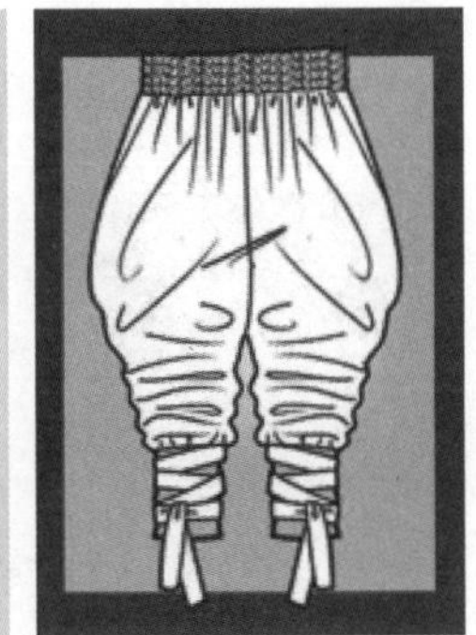

图3–28

图3–29

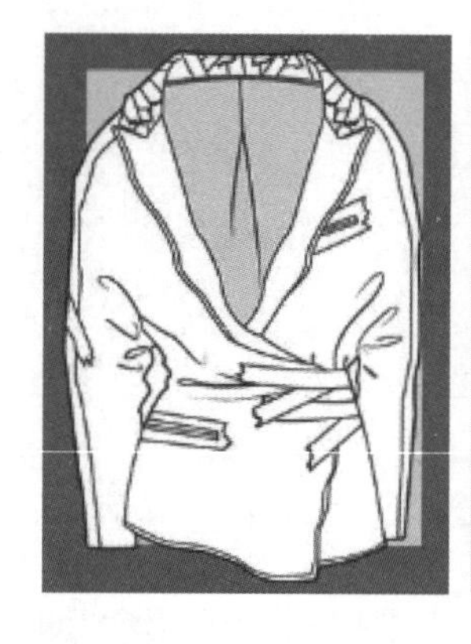
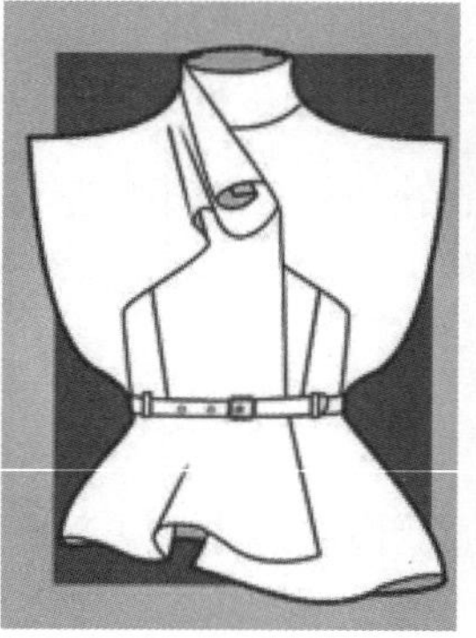
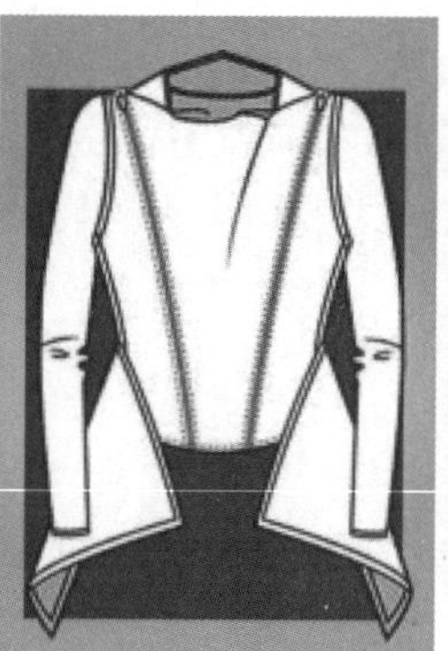
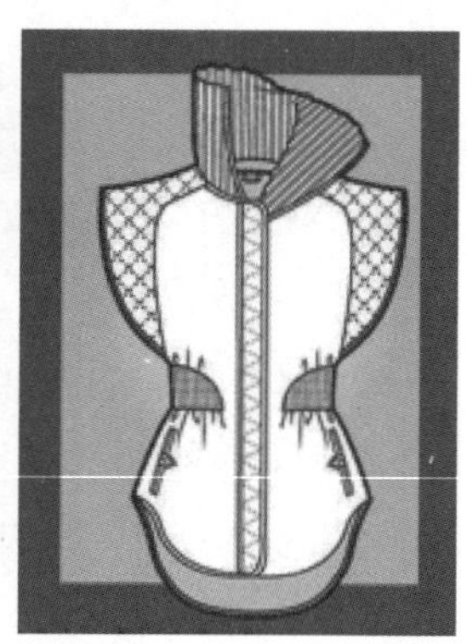

图3-30

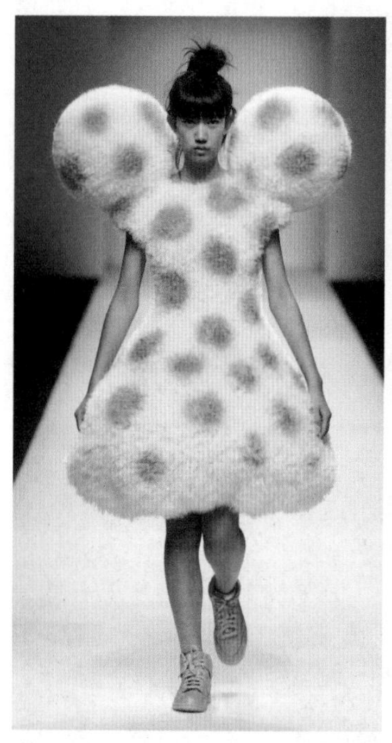

图3-31

臀围的比例差，给人以优美、修长的感觉。在经典风格、淑女风格的服装中这种廓型用得比较多（图3-30、图3-31）。

6. 其他造型

除了基本的5种廓型外，还有其他的廓型变化，如S型、郁金香型、沙漏型、瓶型、纺锤型、花冠型、茧型等。

（1）S型：S型是一种紧身合体的造型，所谓的S型指的是人体穿上衣服后的侧面状态（图3-32、图3-33）。

（2）郁金香型：郁金香型是一种仿生的造型，在造型上酷似郁金香的花瓣（图3-34）。

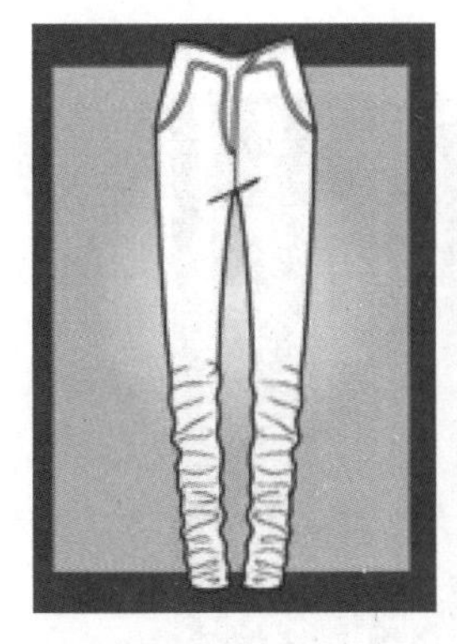
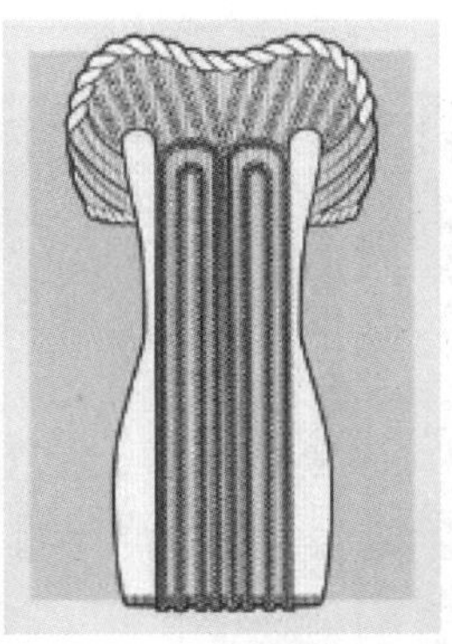
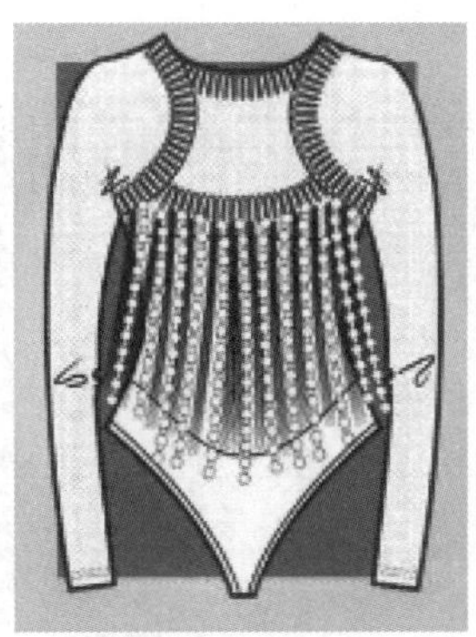
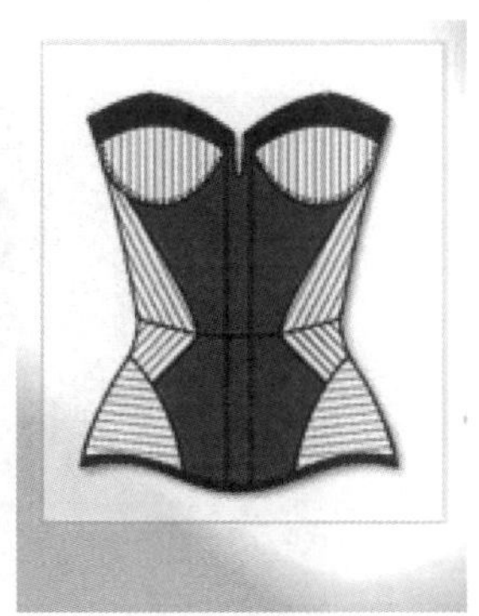

图3-32

图3-33

（3）沙漏型：沙漏型同样也是一种仿生造型，重点强调的是腰部收紧，臀部膨胀至下摆（图3-35）。

（4）纺锤型：仿锤型是一种复合型的组合，上身部分比较倾向于H型，下身部分比较倾向于T型（图3-36）。

（5）瓶型：瓶型因酷似花瓶的形状而得名，在造型上比较注重廓型饱满的弧线（图3-37）。

（6）茧型：蚕茧的形状圆润，属于弧线造型，整体造型酷似椭圆（图3-38）。

（7）花冠型：花冠型主要强调的是肩部的造型，其肩部造型酷似张开的花朵（图3-39）。

图3-34

图3-35

图3-36

图3-37

图3-38

图3-39

四、服装廓型的设计方法

服装廓型的设计方法有很多种，其中主要有几何造型法、直接造型法。

（一）几何造型法

几何造型法是指利用简单的几何模块进行组合变化，从而得到所需要的服装廓型的方法。一般情况下，服装廓型可以分解为数个几何形体，尤其是服装的正面效果最为明显，即使变化再大，也是几何形体的组合。几何模块可以是平面的，也可以是立体的，具体做法是：用纸片做成形形色色的简单几何形，如圆形、椭圆形、正方形、长方形、三角形、梯形等，然后将这些几何形在与之比例相当的勾画出的人体上进行拼排，拼排过程中注意比例、节奏、平衡等形式美法则。经过反复拼排，直到出现自己满意或基本满意的造型为止，此时这个造型的外层边缘就是服装外轮廓造型。在这拼排的过程中，会有许多意想不到的造型出现，用几何模块拼出大型之后，还要做适当的修改，使之成为具有服装特色的造型（图3–40）。

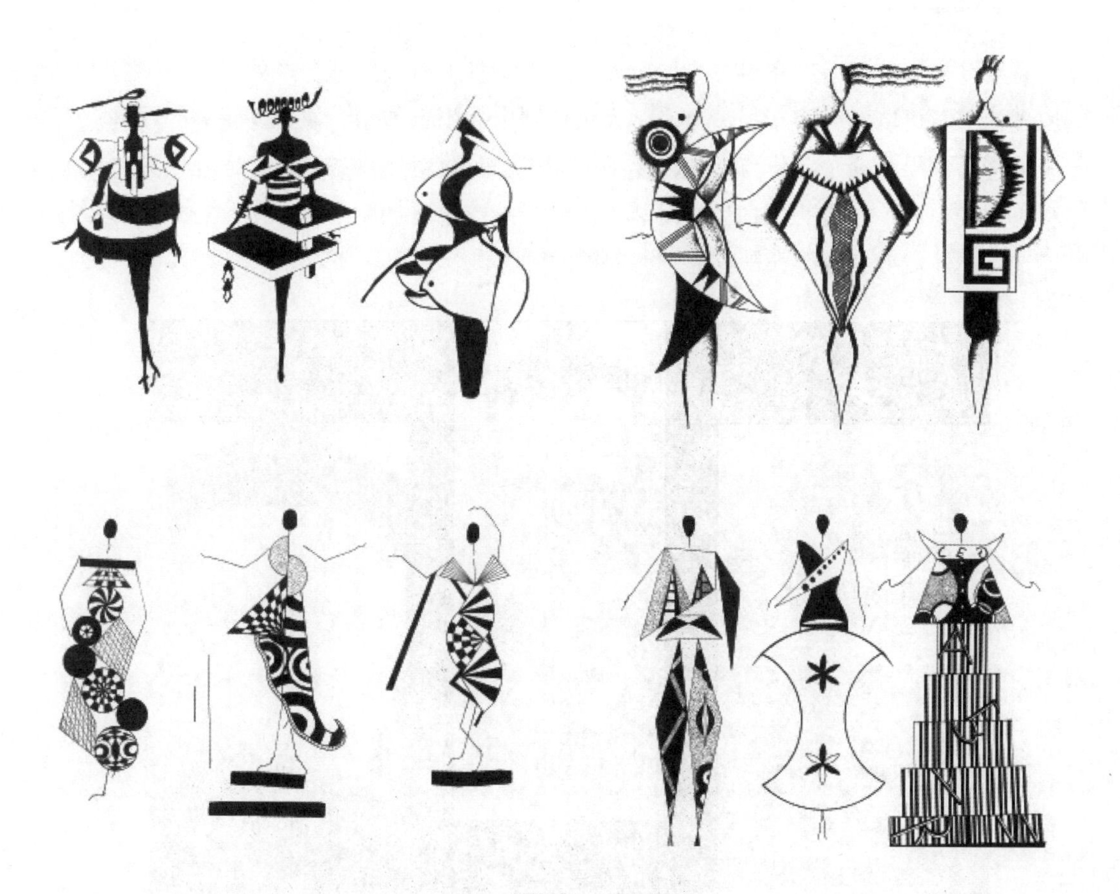

图3–40

图3–40

（二）直接造型法

直接造型法是指运用布料在人体模型上或模特身上直接造型。这种方法借鉴立体裁剪的原理，甚至可以不剪开布料，只使用大头针别出并固定造型，取得外轮廓的效果，随后记录下这种效果，通常在1∶1的人体模型上完成，有时也用1∶2的模型，操作方便且节省布料（图3–41）。被誉为“20世纪时装界巨匠”的巴伦夏加就喜欢在模特身上利用布料的性能进行立体裁剪和造型，被称为“剪刀魔术师”。

图3–41

第三节　服装内部分割线设计

分割线是服装结构线的一种，又称开刀线。连省成缝而形成，兼有或取代收省作用的拼缝线。分割线是服装内部造型布局的重要手法之一，既具有造型特点，又具有功能特征，对服装造型与合体性起到主导作用。

一、服装内部分割线的特点

分割线的特点主要有以下三点：

1. 强化突出人体体型特征

强化突出人体的体型特征，掩盖人体缺陷。线条的分割可以改变人体体型的视觉效果，因而进行分割线设计时，设计师往往利用这点来掩盖人体的体型上的缺陷。

2. 突出服装的重点部位

突出整套服装的重点，吸引人们的视线。每套服装都有设计的重点部位，在重点部位进行分割线的设计，可以很好地突出服装的设计重点。

3. 体现服装的设计风格

体现服装的主题思想、设计内涵。设计师的设计意图、设计风格，可以通过服装分割线的设计来表达。通过服装的内分割，可以表达出设计师丰富的思想内涵。

二、服装内部分割线的分类

（一）直线分割

利用水平线和垂直线以及斜线进行服装的结构分割，包括横向分割、纵向分割、斜线分割。

1. 横向分割

横向分割也称水平分割。包括各种育克、底摆线、腰节分割线、横向的褶皱、横向的袋口线等。横向分割线具有舒展、平和、稳定、庄重的特性。重复的水平线视觉上会有上下拉长的效果，会使人显得丰满宽阔。所以通常人们认为胖人不宜穿横向分割线较多的衣服是有道理的。在男装设计中肩部、背部和腰部经常采用横向分割，会显得男性身材强健、有安全感（图3-42、图3-43）。

2. 纵向分割

纵向分割也称垂直分割。一般都有其固定的结构位置，以人体凹凸点为基准。纵向分割时要注意保持其位置的相对平行，致使余缺处理和造型在分割中达到结构的统一，完美地体现不同的服装造型。反复的垂直线有左右加宽的感觉，在实际着装时，带有纵向分

图3-42

图3-43

割的服装会使女性看上去修长、窈窕、挺拔，用在男装中则具有权威、严肃、清晰之感（图3-44、图3-45）。

3. 斜向分割

斜向分割，包括放射状分割。具有活泼、动感、力度感的特点。斜线本身具有推进、纵深的动感，在服装设计中运用斜线会产生一定的节奏感。在使用斜线分割时应当注意，趋向于水平的斜向分割有显胖的效果，趋向于垂直的斜向分割有显瘦的效果（图3-46、图3-47）。

图3-44

图3-45

图3-46

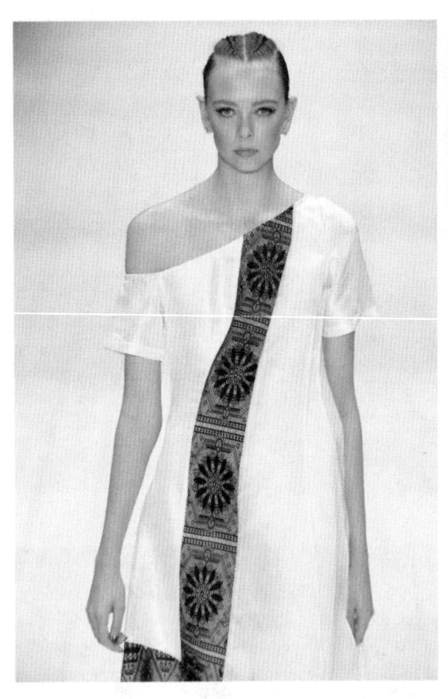

图3-47

（二）曲线分割

曲线分割可分为开放式分割和封闭式分割两种。开放式分割的表现力极强，它可以把女性的曲线身材很好地展现出来，把独具韵味的女装表现得淋漓尽致。曲线分割最具代表性的是公主线。封闭式分割是开放式分割演变的一种形式，也是曲线分割中变异的一种形式。例如，经封闭分割后的圆形可爱、温柔；椭圆形柔顺并有重量感；扇形轻巧、敏锐（图3-48）。

图3-48

第四节 服装零部件设计

服装的零部件包括领、袖、口袋、门襟、腰头、褶裥等，在服装中有重要的功能性和装饰性作用。

一、领型的设计

服装的领型是最富于变化的一个部件，由于领子的形状、大小、高低、翻折等不同，形成各具特色的服装款式。根据领结构不同，可归纳为以下四种类型。

（一）无领

只有领圈而无领面的各种领型，无领领型宽松舒适，能充分展示颈部、肩部的线条，有利于佩戴首饰。无领领型多用于女装、婴儿装的设计。其中又包括领线领、连衣领。

1. 领线领

领线领是最基础、最简单的领型，只有领线，没有领面的领型。常见的领线领包括一字领、圆领、V字领、U形领、方领等（图3-49），主要用于夏季T恤、内衣、针织衫、连衣裙等的设计。领线领在造型设计上变化丰富，可以用各种装饰手法，如滚边、镶嵌、镂空、贴边等，图3-50示出了无领的装饰手法，图3-51示出了无领的领型设计。

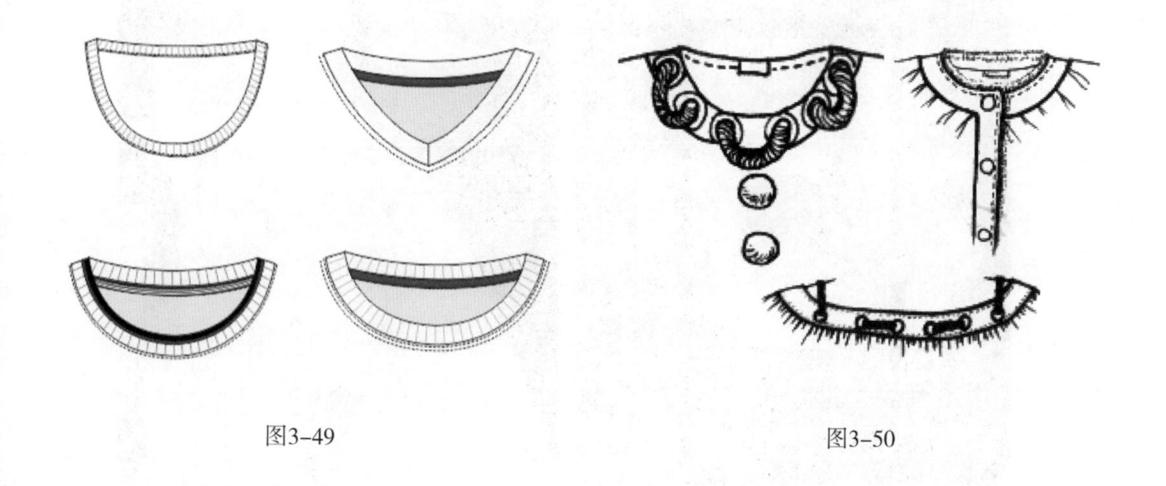

图3-49　　图3-50

2. 连衣领

连衣领是指从衣身上延伸连裁出领子的造型，衣领与衣身之间没有分割线。连衣领多用于女装大衣、外套、连衣裙的设计。连衣领的变化范围较小，领口不能过高，装饰手法可以用缉线、滚边、绣花等（图3-52）。

图3-51

图3-52

（二）立领

立领是一种领面围绕颈部的领型。立领的结构较为简单，具有端庄、典雅的东方情趣，传统的中式服，旗袍及学生装上应用较多。现代服装中立领的造型已脱离了以往的模式，不断出现新颖、流行的造型（图3-53、图3-54）。

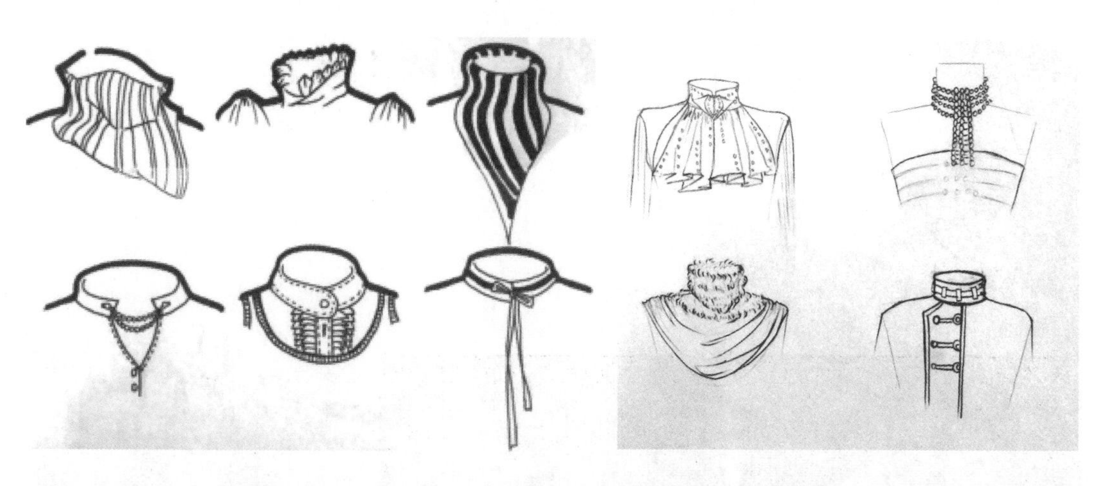

图3-53

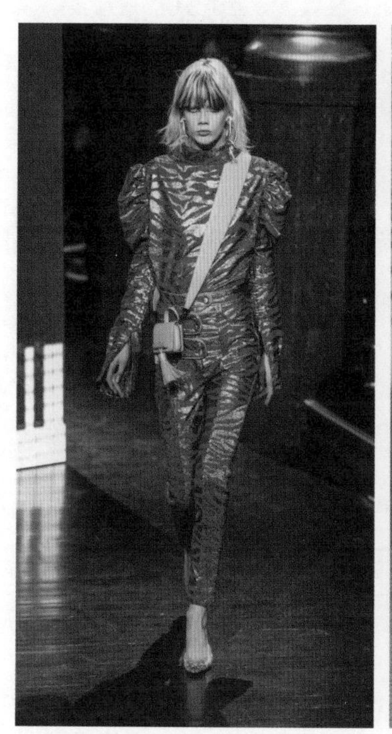

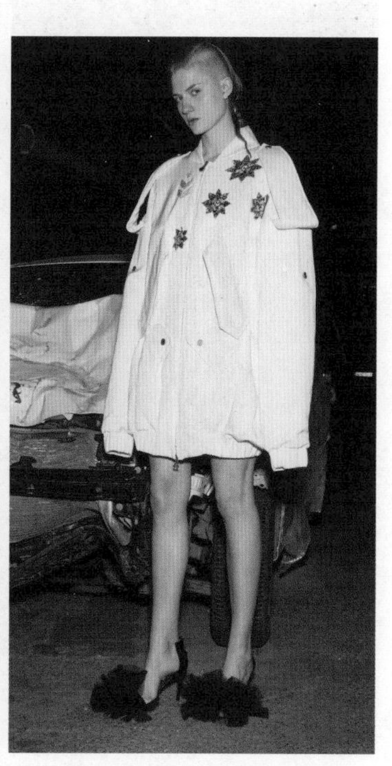

图3-54

（三）翻领

翻领是领面向外翻折的领型。根据其结构特征可分为单翻领和连座翻领。根据领面的翻折形态可分为小翻领和大翻领，翻领的变化较为丰富，如衬衫领、外套领、大衣领、夹克领等，设计变化主要是进行领面的处理（图3–55、图3–56）。

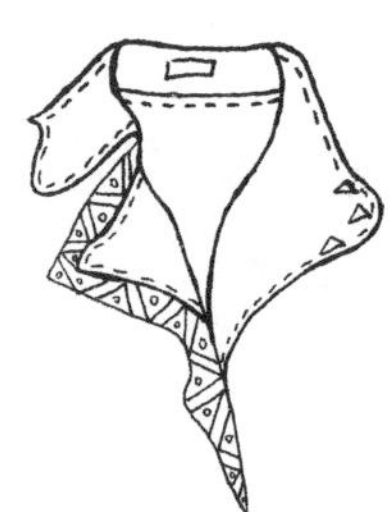
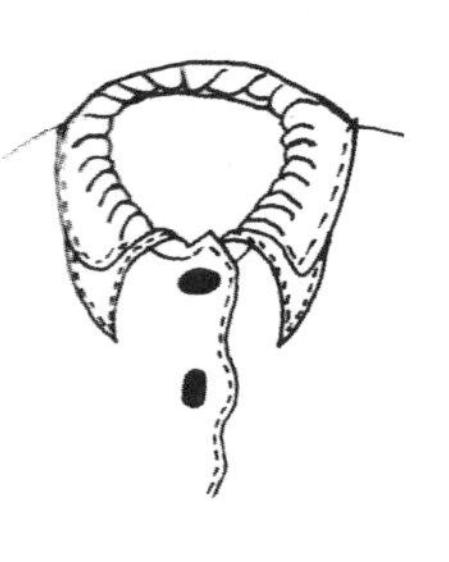

图3–55

图3–56

（四）翻驳领

翻驳领是领面与驳头一起向外翻折的领型，一般指西式服装上装、大衣、礼服的翻领，适用于西式男上装、西式女上装、男士大衣、女士大衣、男士大、小礼服等，在设计中要从领面及驳头的形状、位置、装饰等进行考虑（图3–57、图3–58）。

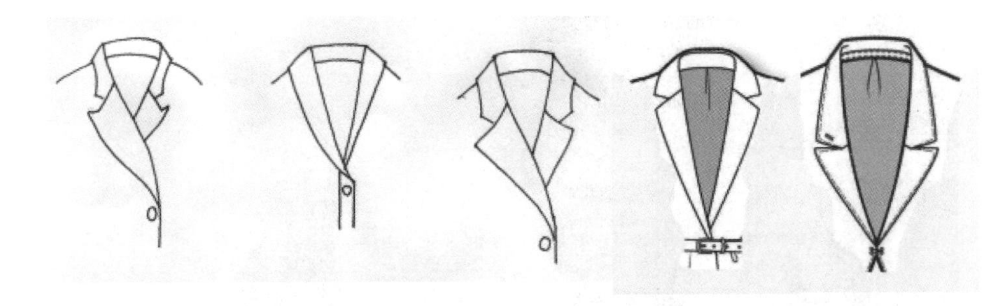

图3-57

图3-58

二、袖子的设计

袖子是服装的大部件，其形状一定要与服装的整体效果相协调，例如：蓬松的衣身造型搭配紧身袖子，审美效果不好。袖子的分类比较多，按袖片分可分：有单片袖、两片袖、三片袖、多片袖；按袖子结构分可分：有连袖、装袖、插肩袖、无袖；按袖子形态分：可分为肥袖、瘦袖、灯笼袖、喇叭袖、花瓣袖、泡泡袖、羊腿袖等。常见分类如下。

（一）无袖

无袖一般是指使手臂通过的衣服袖窿的状态。无袖的设计实际上是单纯的袖窿线的设计，多用于背心、马甲、连衣裙等（图3-59）。

图3-59

（二）连衣袖

连衣袖是指衣袖和衣身相连，没有袖窿线的造型，也称中式袖。一般用于中式服装、运动装及家居服装等（图3-60）。

图3-60

（三）装袖

装袖是指衣袖和衣身分别裁剪，然后缝合的袖型，从造型上分为平袖、圆袖、插肩袖、泡泡袖等，在设计中可根据袖型的变化进行设计（图3-61）。

总结一下袖子的造型表现应注意以下几点：

（1）袖的造型要适应服装的功能要求，根据服装的功能来决定，如西装袖可以适体一些，而休闲装的袖子要稍宽松一些。

（2）袖身造型应与大身协调。

（3）运用袖子的变化来烘托服装整体的变化。衣袖不但要从属于衣身，并应配合衣领的造型与衣身共同达到协调与统一。

三、门襟的设计

在衣服的前胸部位从前领口中点到底摆的开口称为门襟。门襟是服装装饰中最醒目的部位，它和衣领、袋口互相衬托，展示时装艳丽的容貌。

门襟的设计主要是通过改变门襟的位置、长短，以及门襟线的形状实现的。位置处于人体正中的门襟称为正开襟，位置处于人体一侧的称为偏开襟，正开襟能给人平衡、稳重的视觉美感，偏开襟则显得比较活泼。门襟的开口分直开襟和半开襟，一般情况下，直开襟较半开襟的变化更丰富。直线门襟是最常见的状态，斜线和几何弧形在现代的服装设计中可以见到，设计时可以根据需要选择。门襟在着装时大多呈现封闭状态，因此，门襟的封闭方式就成了门襟设计的重要内容，门襟的封闭方法很多，可以用纽扣，也可以用拉链，无论用什么方法封闭，门襟的结构都必须与之协调，如门襟左右相互重叠时，可以用

图3-61

一般的圆纽扣封闭，这时纽扣的中心应该落在门襟的中线上；如果门襟左右不是互相重叠的而是对拼的，最好采用拉链或中式传统的布扣封闭比较好，如图3-62所示为各种变化的开襟设计，如图3-63所示为各种变化的半开襟设计。

图3-62

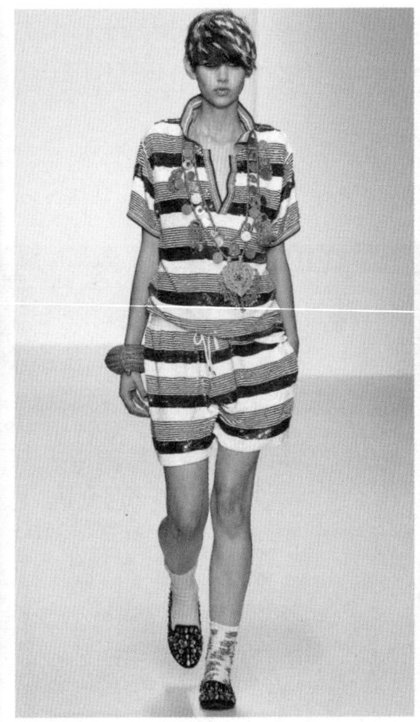

图3-63

四、口袋的设计

口袋具有实用功能，一般用来放置小件物品，因此，口袋的朝向、位置和大小都要适应手的进出。设计口袋时除了满足实用性外，还应该根据口袋的大小和位置注意使其与服装的相应部位相协调，同时口袋的装饰手法也很多，在对口袋作装饰设计时，也要注意所采用的装饰手法与服装的整体风格协调。

根据口袋的结构特征，口袋可以分为贴袋、挖袋和插袋三种类型。不同类型的口袋设计方法和表现方法有较大的不同。

（一）贴袋

贴袋是贴缝在服装衣片表面的口袋，是所有口袋中造型变化最丰富的一类。设计贴袋除了要注意准确地画出贴袋在服装中的位置和基本形状以外，还要准确地画出贴袋的缝制工艺和装饰工艺。口袋除了实用功能装饰作用也很强，是服装整体风格形成的重要部位（图3-64）。

（二）挖袋

根据设计的要求，在服装的合适位置剪开，形成袋口，内衬袋里，在袋口处拼接、缉缝。挖袋的特点简洁明快，工艺要求比较高，变化主要在袋口上，袋口有横开、竖开、斜开以及有袋盖和无袋盖之分（图3-65）。

图3-64

图3-65

（三）插袋

插袋指在衣服的结构线上设计口袋，袋口与服装的接缝浑然一体，袋口就开在结构分割线上，具有隐蔽感，其常常使服装具有高雅、简洁、含蓄、精致的特征（图3-66）。

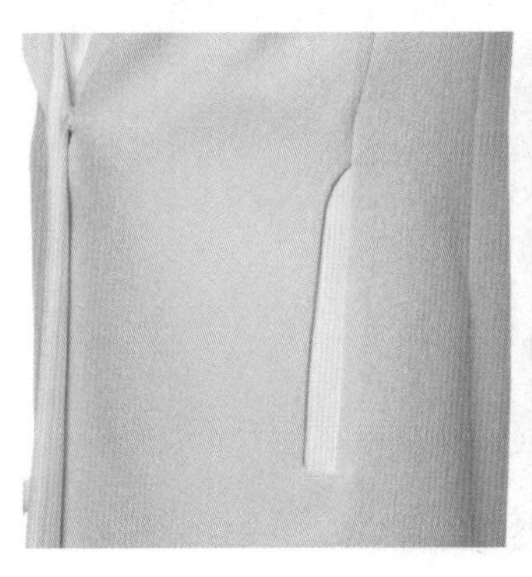

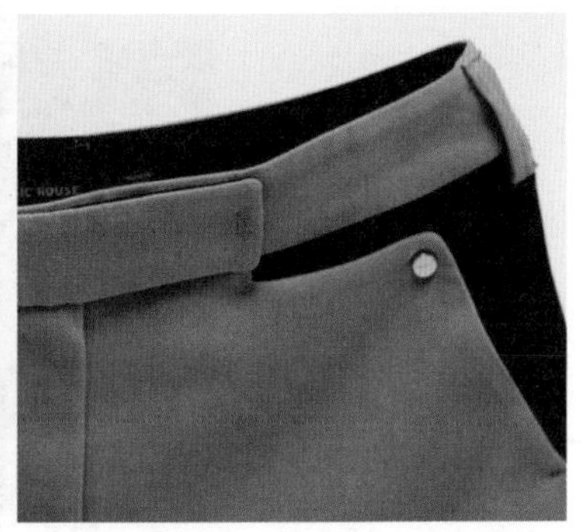

图3-66

思考题

1. 以点、线、面某一造型要素为主完成系列设计，用线描的形式表现（8开纸张，3~5款，男、女装不限）。

2. 通过书籍、杂志、网络等渠道收集2016~2017时装流行趋势信息，分析当季何种廓型最为流行。

3. 根据几何造型法完成廓型的设计，要求A型、H型、O型、X型、V型各5款（A4纸张）。

4. 以某一基本廓型为基础，完成内分割线设计（A4纸张，5款）。

5. 完成零部件设计，领子20款、袖子20款、口袋20款、门襟10款（A4纸张）。

基础理论及练习——

服装款式设计与绘制方法

课题名称： 服装款式设计与绘制方法

课题内容： 1．女装款式设计

2．男装款式设计

3．童装款式设计

4．服装款式图绘制举例

课题时间： 16课时

教学目的： 通过教学，使得学生了解男装、女装、童装设计的基本知识，掌握服装分类的特点和绘画技法，为设计打下基础。

教学方式： 理论讲授，图例示范。

教学要求： 1．使学生从造型、面料、色彩等方面了解男装、女装、童装基础知识。

2．使学生了解人体比例，并运用人体比例绘制服装款式。

3．使学生掌握裙子、裤子等服装分类的绘图技法。

课前准备： 上网查阅相关资料，收集当季流行的女装、男装、童装款式及细节设计图片。

第四章　服装款式设计与绘制方法

对于服装从业人员来说，服装分类是设计工作的第一步。服装分类方法有很多，一般从人的性别、年龄、形态和面料、季节、用途、工艺等方面进行分类。其中以人的性别、年龄的分类为最基础的分类方法，服装大体可分为男装、女装、童装三大类。

第一节　女装款式设计

女装款式变化在服装中最丰富，每季度市场终端的反应也是最直接、最敏锐。无论是从流行趋势的影响力，还是廓型、色彩、装饰因素，女装都有着自己的特色。在表现女装时要注意女装的柔美、优雅、性感等特征，面料多考虑柔软、华丽、个性等，并且要注重着装的整体搭配。女装的种类繁多，造型灵活多变，是服装款式设计中主要内容。

一、女装款式发展历程

从大唐盛世的华丽到洛可可的宫廷，从古埃及的丘尼克到现代的波普、印象派等，女装在不同历史时期留下了各种造型，我们只有了解历史，掌握服装特点和发展规律，才能更好地创造出具有时代感的特色女装。女装款式的发展，经历了平面到立体，烦琐到实用的变化过程。第一次世界大战造成了男性劳动力短缺的局面，使女性走上社会成为一种现实，女装因此也产生了划时代的变革。裙长缩短，去掉烦琐装饰，富有实用性的男式女装在女性生活中确立。如今女装的变化更为迅速和人性化，各类风格也孕育而生。

二、女装款式设计要素

女装的最大特点是能凸显女性体态的柔美，肩宽适中，胸部丰满挺拔，腰肢纤细，整体多变而富有曲线，复杂多变的身体结构为女装的款式变化提供了宽广的造型空间。

（一）廓型创新

在服装廓型中，现代女装廓型设计多采用X型、Y型，以收腰、包臀、露肩、袒胸等来凸显女性身材，配以各种蕾丝、滚边、贴花、褶皱等的运用，体现浪漫、淑女风格，同时我们还惊喜地发现不时冒出许多新风格。现代服装强调造型设计，近几年“中性风”引领时尚风潮的榜首，T型、H型的廓型占据了大部分时尚女装。在女装设计中仅有传统文化的资讯是不够的，应尽可能地多收集资料，与时俱进，了解中外服装发展和当前的服装流行趋势，从中获取灵感进行款式设计。

（二）色彩运用

女装用色丰富，多以明亮、柔和、轻快、丰富为特点，采用荧光色、糖果色以及一系列浅淡的色彩，如粉红、粉绿都是女装常用色。同时每年的流行色发布也为女装设计提供了很好的参考。

（三）面料选择

女装的时尚性不仅仅表现在廓型、色彩上。流行元素往往也要靠面料去体现。面料本身也是服装设计方案中的重要组成部分。随着现代生产技术的增强，新的面料层出不穷，例如：近几年服装面料打破了常规的平面印花，立体图案在女装面料中流行，立体图案的面料在女装造型的效果上树立了新的视觉感，实与虚、平面与立体，变化无处不在。在女装面料的选择中，无论是常规的平纹织物、罗纹织物还是最新的面料，都是为了凸显女性柔和、舒适、个性化的感觉。

（四）装饰创新

在服装装饰手法上，可采用绣、绘、镂空、滚边等多种工艺，以达到不同的视觉效果。服装的装饰工艺有很多，细分起来有加法、减法、加减法并用。加法有填充、垫、补、拼、绣、盘、钉、镶、印花等。减法有抽丝、镂空、激光等。加减法并用有平绣、雕补、抽丝加挑织等。此外编结、织、钩花等也常被运用。

现代女装在功能性设计的基础上，审美性、人性化、个性化备受关注，因此，在设计女装时要将以上要素综合运用，从而使女装设计的内容变得丰富有特色。

三、女装款式的分类设计

（一）职业女装

职业女装指从事办公室或其他白领行业工作的女性上班时的着装。此类服装一般采用西装套服的形式，色彩素雅、款式简洁、面料较好、裁剪讲究，过于华丽、过于性感、过于复杂、过于时髦都不可取。设计职业女装不应该一味模仿职业男装的服装设计，要符合女性的心态和体型。因此，职业女装可根据职业特点、功能和市场状况分为两大类：职业制服和职业时装。

1. 职业制服

职业制服在现有市场上的形象较为呆板，是指从事某种活动或进行某项作业时，为统一形象，提高效率和安全防护而穿着的特制制服。一般由主管部门统一发放而非个人购买。职业制服可按穿着对象的职业特点、企业形象、职业人的身份地位不同，分为白领制服、蓝领制服、粉领制服（图4–1）。

图4–1

白领制服是指较高文化层次和经济收入，从事脑力劳动的女性所穿着的制服，这类制服直接关系到企业社团的形象，反映企业或者社团的整体管理水平，多采用经典、稳重，同时具有时尚美感的高档制服，色彩稳重，款式简洁经典。

蓝领制服是指从事体力劳动的女性所穿着的制服，此类制服一般数量较大，功能性较强。一般采用宽松廓型，多口袋、多功能的设计，耐脏、耐磨面料，色彩可根据职业定位具有标识性。

粉领制服一般多指女性服务类职业所穿着的制服。例如：美容、餐厅、医护等行业，此类服装多为色彩鲜艳，容易辨认，给人以亲切温馨的感觉。

职业制服大多数采用经典款式搭配，主要以西装搭配衬衣和A型裙、西装裤等套装为主。服装廓型采用经典的收腰造型，色彩稳重，适合各种办公场合。

案例分析：如图4–2 ~ 图4–5所示。

项目名称：校服设计

品牌理念：以校园学生为主要人群，突出校园特色，有军装元素。打造时尚、健康、阳光的新校服理念。服装设计要贴近校园环境，不束缚，不奇装异服，展示学生阳光、积极的新校园精神。

品牌客户：在校小学生、中学生及教师

图4-2

图4-3

图4-4

图4-5

项目要求：

（1）根据项目内容，绘制系列服效果图和款式图（电脑、手绘均可），规格为A4纸张大小，一系列四款，款式图正反面均要绘制。

（2）强调校服的舒适性、时尚性，符合各年龄特点，设计春夏季服装。

（3）稿件如被选中，设计者后期需根据要求进行修改。

2. **职业时装**

一般指具有时尚感和个性，又能在办公的多种场合穿着的服装。女性职业时装的特点是体现端庄、高雅、干练和充满自信的形象，主要以合体的造型、流行的色彩、时尚的面料和细节的变化为主，现代职业女装设计简约、合体、可时尚，但避免夸张、过于繁琐等装饰元素。现代职业女性对于自身的形象、生活质量等要求越来越高，因此在设计的过程中，职业时装逐渐趋向高级成衣，精致的服装细节给OL女性带来全新职场亮点。

各种新型面料、辅料和工艺技术与套装中的西装、衬衣相结合。西装面料不再单一，可以由多种面料拼合而成，色彩缤纷也是西装的主题，就连衬衣的领子也有亮片、钉珠、金属等辅料的应用，形成各种装饰。个性化元素越来越多地融入到职业时装中（图4-6）。

案例分析：如图4-7 ~ 图4-9所示。

项目名称：职业时装

图4-6

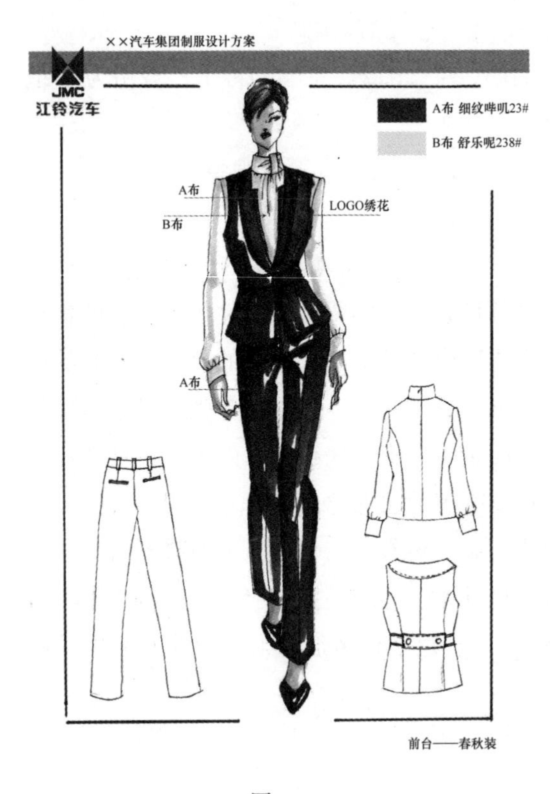

图4-7

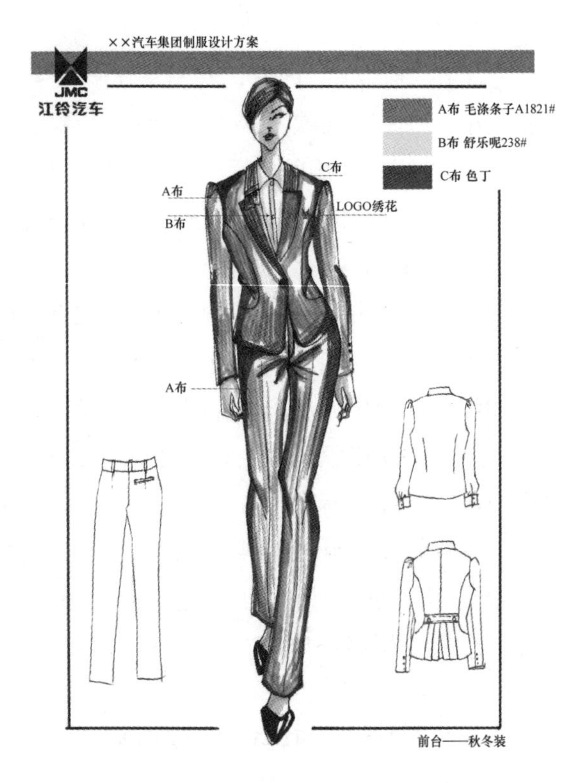

图4-8

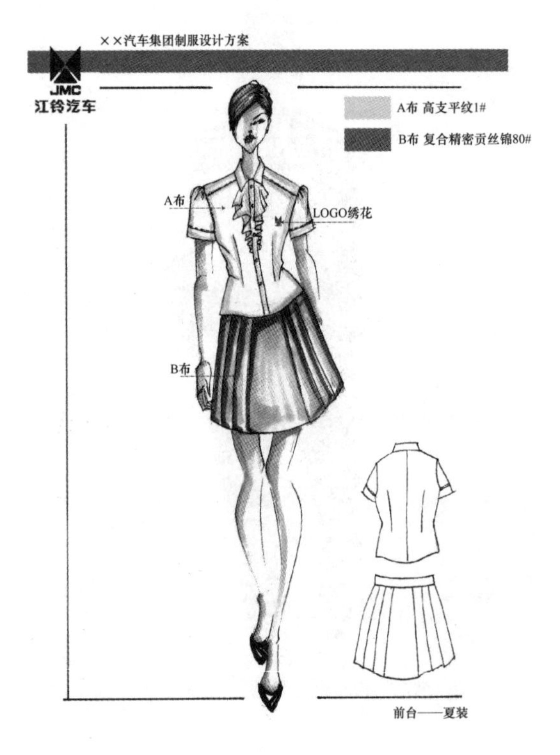

图4-9

项目内容：以“开拓创新，引领潮流”为主题；展示××汽车企业的独特风采及平易、乐于沟通的企业形象。

品牌风格：能体现企业文化同时具有时尚感。

目标客户：前台工作人员

项目要求：

（1）根据项目内容，绘制服装效果图和款式图（电脑、手绘均可），规格为A4纸张大小，一款一稿，款式图正反面均要绘制。

（2）时尚新颖，穿着时间是春夏秋冬四季。

（3）强调系列的整体性，穿着者的身份和职业背景。

（二）休闲女装

休闲，英文为“Casual”，此词在服装上覆盖的范围很广，包括日常穿着的便装、运动装、家居装，或把正装稍作改进的“休闲风格服装”。凡有别于严谨、庄重服装的，都可称为休闲装。它是人们在无拘无束的休闲生活中穿着的服装。

休闲装起源于美国，最早首推布制的牛仔装、衬衣和夹克。休闲装最早的用途，是利用其耐用、舒适、易整理的特点，作为工作服使用。第二次世界大战之后，经美国娱乐界明星大肆推广，休闲服逐渐成为欧美人所接受的服装。

休闲装的具体形式有很多，按照休闲的场合一般可分为三大类：运动休闲装、时尚休闲装、商务休闲装。

1. **运动休闲装**

运动休闲是由远动装演变而来的，是将职业运动的元素运用到设计中，使得服装适用于人们户外穿着，在户外人们能自由、舒适地放松自己。此类服装有运动套装、休闲裤、T恤、POLO衫等（图4-10）。面料多采用纯棉、涤棉和各种化纤面料，廓型多采用宽松的H型、O型，配以拉链、纽扣等设计。

图4-10

2. **时尚休闲装**

较前卫的休闲装。在一定的时间、地域内为大部分人所接受的新颖、流行的女装。时尚休闲装适合场合较多，适用人群较广，是张扬个性、休闲娱乐、上班的首选。此类服装款式多样：牛仔裤、牛仔衣、休闲西装、时尚衬衣、连衣裙等。面料应用范围广泛，纯棉、雪纺、毛、皮、牛仔面料等都可以运用。时尚休闲装设计空间大，是体现个性的最佳选择，在服装和服饰品配件上，不同单品混搭也会出现意想不到的效果（图4-11）。

图4-11

3. **商务休闲装**

商务休闲装既具有时尚休闲装的特点，又适合职场穿着。现代职业装已经不再是单纯传统意义上的制服类服装，可在严谨、稳重的同时，注入一些轻松、随意的休闲元素（图4–12）。

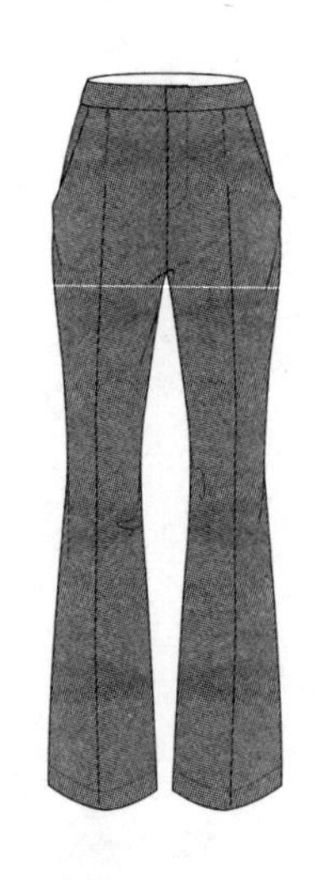

图4–12

案例分析： 如图4–13、图4–14所示。

项目名称： 青年休闲装设计

品牌元素： 服装整体追求“简约时尚”的特色，抛弃艳丽复杂的色彩，追求轻松、简约的感觉，造型简单、大方，线条柔和、流畅，面料上追求环保、绿色、健康，高档的质感及舒适的触感体现了品牌真正的价值。

图4–13

图4-14

品牌风格：以简洁风格为主，灵感来源于西方近世纪的宫廷服装元素。

目标客户：18～26岁青年男女。

（三）内衣与家居女装

1. 内衣

内衣。专指贴身穿着的衣服，以直接依附人体体表。现代女性内衣集审美性与功能性为一体，是时尚的重要组成部分。与其他分类相比较，女性内衣对工艺技术要求更高，对材料的使用也更讲究。内衣大致分为三类：基础内衣、美体内衣、装饰内衣。

（1）基础内衣是广泛的内衣形式。基础内衣具有保暖、吸汗、透气、托护、隔离等功能。主要形式有文胸、底裤、棉毛衫、棉毛裤等。面料多采用纯棉、涤纶、莱卡等织物，色彩丰富多样，装饰精致不繁琐（图4-15）。

（2）美体内衣。美体内衣又叫修整内衣，以调整女性身形为主，在面料上常采用回弹性强的材料，配以海绵、钢丝、松紧带等固定造型。常见形式有束腰、衬裙等。

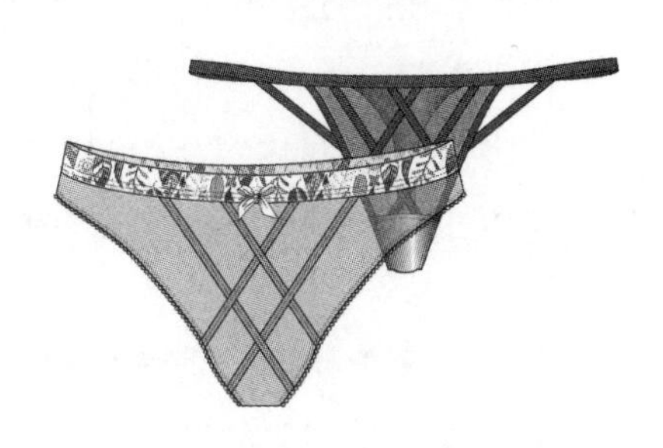

图4-15

（3）装饰内衣。装饰内衣具有装饰作用。随着生活的变化，人们对于装饰内衣的使用也随之发生了变化。装饰内衣可作为礼服、外衣的陪衬使用，也可单独直接外穿。目前，内衣外穿化和内衣时装化已成为时尚潮流，乃至情趣内衣也被社会大多数人所接纳。

2. **家居服**

家居服是指日常生活中在室内穿着的便装。主要形式有睡衣和家庭便服两种。

（1）睡衣，是在睡眠时穿着的内衣。有吊带式、分体式、连身式等款型，造型以宽松、适体、简洁为主，背部设计简单，便于安眠，服装面料多采用舒适、吸湿性、透气性好的天然纤维织物，以棉、真丝面料为主并且可拼接蕾丝做装饰，面料上可配平面、立体花卉图案。

（2）家居服，为非睡眠时穿着的内衣。设计重点是穿着的舒适性，对身心的解放。家居服结构简单，多用H型，细节处理采用无领翻领、贴袋，通常无省道设计，放松量大。有连体和两件套式的两种。家居服根据不同季节、不同功能，可采用不同面料进行个性化设计（图4–16）。

图4–16

案例分析：如图4–17、图4–18所示。

项目名称：家居服设计

项目内容：该品牌以“开拓创新，引领潮流；务实高效，主导市场”为经营理念，该品牌坚持追求以“彰显女性魅力”为发展宗旨，产品设计贴近生活，展现感性、休闲、优雅、高贵的品质。

品牌风格：产品设计结合东方人的体型特征、体质风貌，突出“时尚、高雅”，体现服装的舒适和自如，彰显女性感性、自强的魅力。

目标客户：25～35岁、35～45岁、45～55岁三个年龄段的家居服。

项目要求：

（1）根据项目内容，绘制系列家居服效果图和款式图（电脑、手绘均可），规格为A4纸张大小，一款一稿，款式图正反面均要绘制，要有设计说明，要求构图清晰、结构清楚。

（2）色彩要协调，流行与品牌风格要相呼应。

（3）强调家居服的舒适性、时尚性，符合各年龄特点。

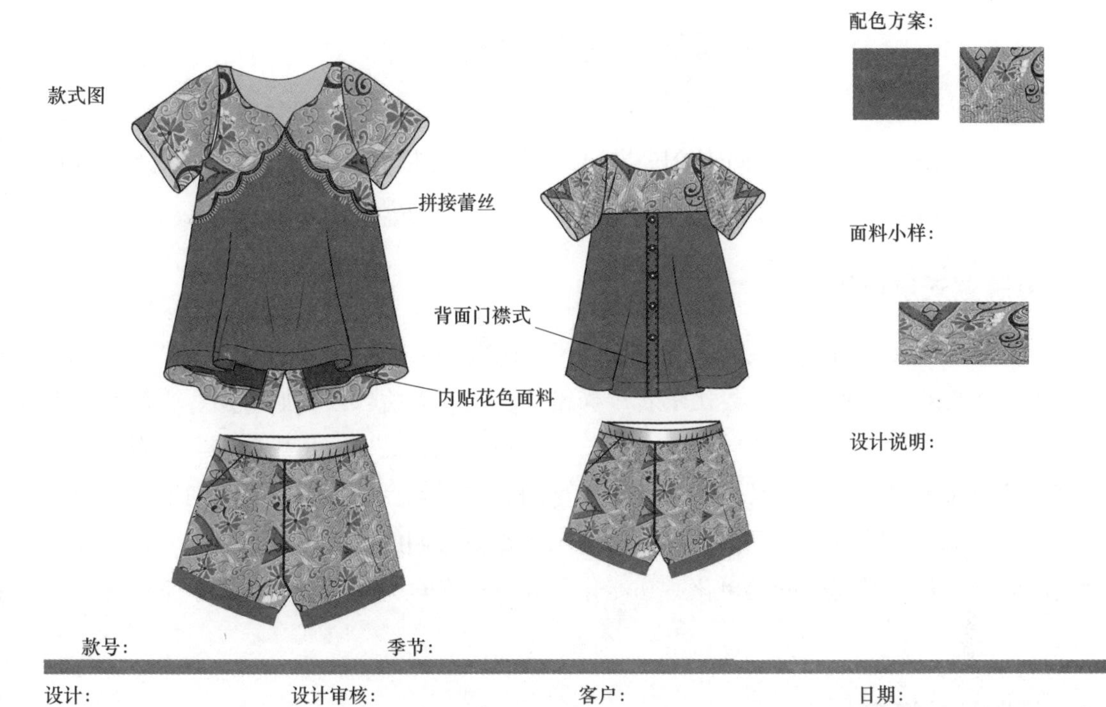
款式图
拼接蕾丝
背面门襟式
内贴花色面料
配色方案：
面料小样：
设计说明：
款号：
季节：
设计：
设计审核：
客户：
日期：

图4-17

工艺、面料参考
HAPPY
DAY

图4-18

第二节　男装款式设计

男装款式设计主要针对不同年龄段男士的着装需求，根据男士的年龄、职业等特征进行分类。概括起来一般可分为：正装、便装、休闲装、家居服等。

一、男装款式发展历程

男性服饰，已成为当今主流品牌设计师密切关注的对象，形成了与女装平分秋色的局面。回顾男装的发展历程，经历了若干极富特色的衣着阶段。原始时期，平面缠绕似的服装款式；中世纪，威武雄壮的骑士装；17至18世纪，法国宫廷头戴卷曲假发、身着饰有精美花边缎带的外套与马裤的女性化十足的款式；如今，男装主流倾向于简单、实用、大方，能充分体现男性风采的穿着表达。从路易时期的极度奢华、繁琐，甚至超过女装的装饰，过渡到现代的简单化、功能化，战争因素对男女装分工起到了不可忽略的作用。

二、男装设计要素

男装的着装与女装明显不同，男装多表现男子高大、硬朗的 “男性气概”,设计理念以关注男性的生理心理审美、社会属性等为特征。

（一）廓型设计

男装款式的设计重点在于突出男子气概，廓型一般选用强调肩宽，体现男子倒三角体型特征的V型和T型，给人以强劲有力的美感。

（二）色彩运用

男装设计在色彩上力求沉着，稳重而不失丰富。除了灰色、黑色、蓝色等男装常用色之外，其他许多颜色也可以为男装所用。例如2012～2013年秋冬流行的酒红色，在2014年继续流行，使用于西装、休闲装等之中。

（三）面料特色

面料质感是男装设计比较注重的因素。面料的好坏直接影响男装的档次定位。一般来说，男装常用质地硬挺的面料多过于软料，厚料多于薄料，但这也不是绝对的。现代男装休闲风格越来越多样化，面料的选择也随着纺织材料的不断更新而产生变化。例如印花图案面料，传统男装几乎很少采用，而现代男装将各式印花作为当下流行的元素之一而广泛使用。从2013年秋冬男装印花与图像色彩分析中不难看出，数码化处理的花朵图案、碎片形状图像、彩色花朵条纹、浓密的万花筒重复图案都被男性所喜爱。

三、男装款式的分类设计

男装的款式分类很多，按照季节可分为春秋装（西装、外套、针织装、牛仔装等）、夏装（短袖衫、短裤、T恤衫等）、冬装（羽绒服、马甲、棉衣等）几大类。从穿着形式大致分为内衣、外衣、衬衣等。

（一）男士外套

男装中使用最普遍的是外套，许多男人都认为外套再普通不过，套上身便行，其实不然，外套的品类很多，它可以用来表现一个人的文化规范与价值观，以及个人的审美倾向。

1. 西装

西装一直是男性服装王国的宠物，“西装革履”常用来形容文质彬彬的绅士俊男。西装的主要特点是外观挺括、线条流畅、穿着舒适，配上领带或领结后，更显得高雅典朴。西装一般分正式西装和休闲西装，可搭配西装裤或者休闲裤。

2. 夹克

夹克指衣长较短，宽胸围、紧袖口、紧下摆式样的上衣。有翻领、关领、驳领、罗纹领等。通常为开衫、紧腰、松肩，穿着舒适，单衣、夹衣、棉衣都有，老少皆可穿用（图4–19）。

图4–19

3. 风衣

风衣是一种防风雨的薄型大衣，又称风雨衣。风衣是服饰中的一种，适合于春、秋、冬季外出穿着，是近二三十年来比较流行的服装。由于造型灵活多变、健美潇洒、美观实用、携带方便、富有魅力等特点，因而深受男性喜爱。风衣造型特点与大衣类似，有明显的腰身，下摆较宽，比大衣造型简洁、灵活、变化较多。风衣的造型大多采用裁片分割（图4–20）。

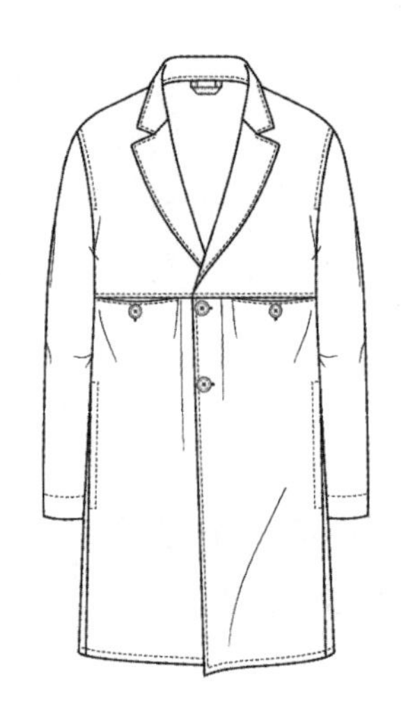

图4-20

（二）男士衬衣

西式衬衫的始祖可以追溯到古罗马时期男子穿用的“丘尼卡”。它是一种既可内穿也可外穿的无领套头式长衫，为了穿脱方便，前颈口向下有一段开衩。到1840年，衬衫后片出现了“过肩”的结构，开始流行用浆糊浆硬的立领，并逐步向现代的翻立领变化。19世纪末，在美国出现了从上至下用扣子系合的前开式衬衫，从而确立了现代衬衫的样式。近几年男士时装衬衫较受关注。时装衬衫也可称为流行衬衫，是一种随流行时尚变化而变化的休闲类衬衫。在保持衬衫基本造型的基础上，可以在结构、面料、色彩、装饰等工艺处理上根据时尚流行趋势或者个人喜好而自由变化，无过多的设计约束（图4-21）。

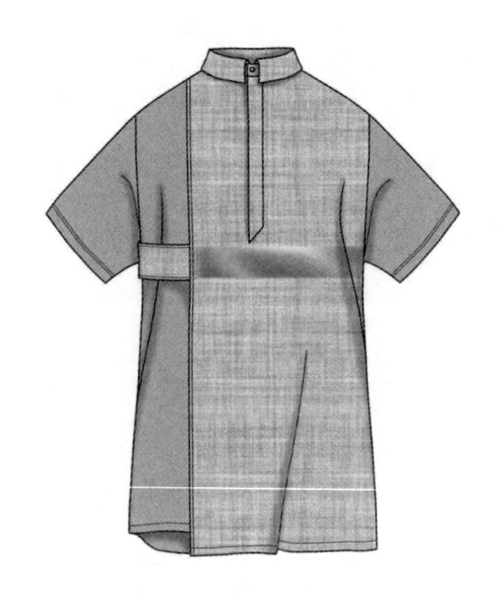
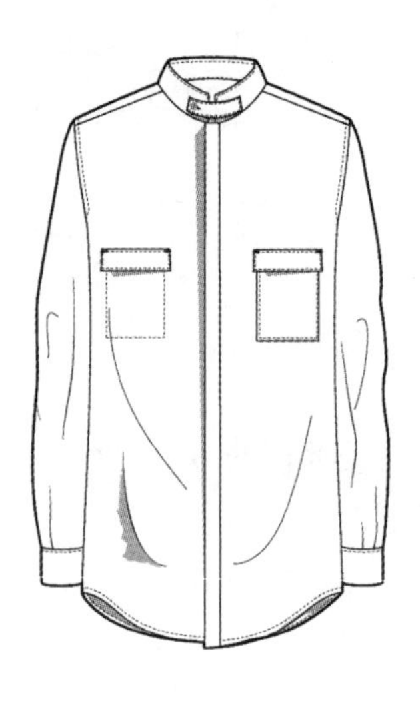

图4-21

（三）男士运动装

休闲运动装常见款式有T恤、帽衫等，廓型比较宽松，不必考虑专业运动要求，追求潇洒、随意，线条流畅、简练即可，色彩多样化，可采用稳重色彩也可采用明快活泼的鲜艳色系。根据运动的类型，常配有鸭舌帽、背包、太阳镜等饰物。

案例分析：如图4–22、图4–23所示。

项目名称：男装设计

品牌理念：始终致力于为消费者提供满足现代多元化生活需求的高品质服装产品。男性稳重潇洒，凸显时尚、传承、经典和中西兼容的文化基调。

品牌对象：25 ~ 35岁男性

作品要求：（1）符合主题的原创时尚男装。

（2）富有个性、贴近市场并有设计创新。

（3）时尚感强，具有鲜明的文化特征。

（4）结构好，工艺及制作考究。

（5）面、辅料及服饰品运用、搭配合理。

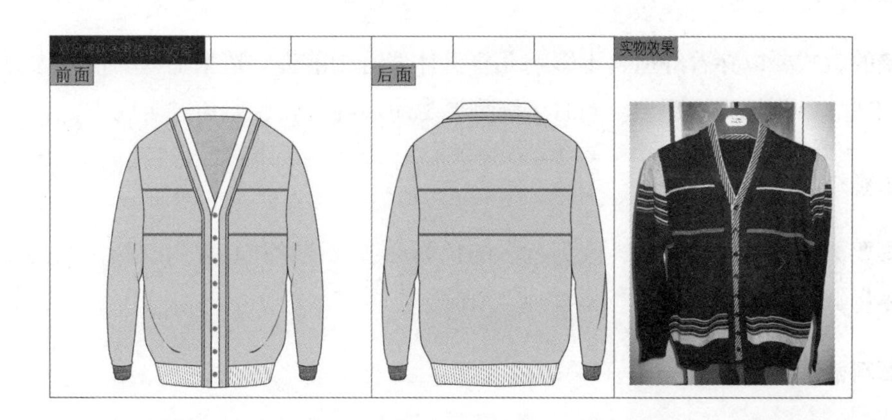

图4–22

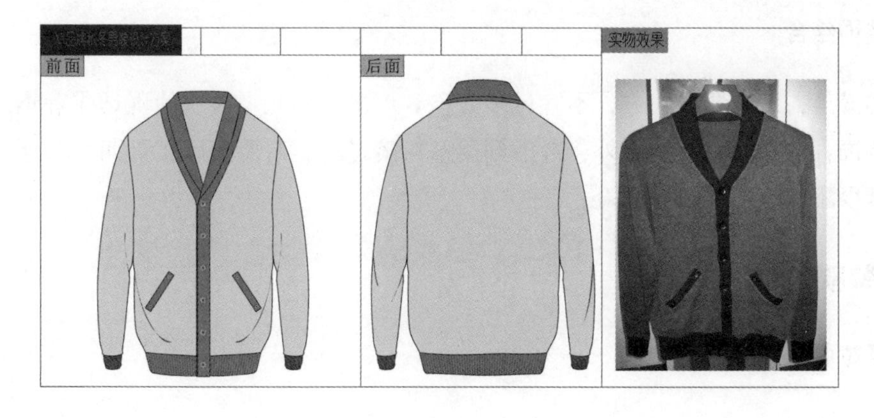

图4–23

第三节　童装款式设计

童装一般指婴儿到少年期所穿着的服装，这一阶段是儿童发育、成长的关键时期，无论是智力还是身体都是变化最大的阶段。在设计服装前，先掌握好儿童的性格特点和形体特征，既要满足儿童的天性，又要保证其穿着的舒适性。

儿童期指从出生到16周岁的年龄段。根据儿童生理、心理的变化一般可分为婴儿期、幼儿期、学龄期和少年期。按照服装款式分类，可分为婴童服、幼童服、小童服、中童服和大童服。

一、童装款式设计要素

儿童服装对于儿童心理成长有很多影响，所以在服装设计过程中，童装一定要符合儿童成长的需求，在追求美的同时，要保证儿童服装的舒适性、安全性。

（一）款式特点

童装的款式要以穿着舒适，不影响儿童身体发育为前提。造型上应简洁、大方，多采用H型、O型、A型等宽松廓型。同时，廓型要尽量清纯可爱，避免过于成人化。

（二）色彩运用

色彩要柔和，不宜太花哨，因为过多的色彩会造成视觉和心理的刺激，尤其婴幼儿服装，应尽量舒缓、柔和。

（三）面料舒适

针对儿童的肌肤特点，尽量使用纯棉织物，少印染，减少肌肤刺激。

（四）装饰结合

童装设计，装饰要求大方，不宜过多繁琐。可多采用儿童喜欢的玩具或者感兴趣的事物作为装饰，但是婴童服装除外，考虑到婴童年龄过小，有要经历爬行期、磨牙期、好奇期，尽量少添加装饰，避免危险。

二、童装款式的分类设计

（一）婴童服

婴童装指出生到一周岁的服装，这一时期婴儿身体发育较为明显。婴童服可细分为新生儿装和婴儿装两类，一般无明显性别差异。新生儿也叫初生儿，是刚刚诞生不久的宝宝，体态柔软娇嫩，完全依靠家人护理，新生儿手脚柔软且大部分时间均在睡眠中度过。设计婴儿装要注意保暖和护体两方面因素。从满月至一周岁都可称为婴儿，这一时期，虽然每个月成长速度非常快，个人能力也逐渐增多，但是在生活上基本还是靠家长护理，服装尺寸会根据月龄婴儿进行设置，调整大小。

服装面料要求柔软、吸汗、透气；冬天要保暖，夏季要凉爽，多采用纯棉织物或者棉纱织物。款式力求平面造型，易调节宽松为佳，细节尽量采用穿脱方便的交叉式、肩开式、全开式、裆开式等，不适合设计结构线，也不适宜设计松紧带、拉链、纽扣等，避免刺激肌肤。部件处理上，尽量不设计翻领、立领，多采用无领，防止领型摩擦肌肤。婴儿服装的色彩宜用淡雅色系，如嫩黄、嫩绿，新生儿服装尽量使用白色，过多的染色会造成肌肤的刺激和过敏。无论是面料、辅料还是装饰都应该采用无毒、环保型材料。

婴童服主要款式有连体衣（图4-24），分体衣、睡袋、手套、脚套、帽子（图4-25），围兜、斗篷（图4-26）等。

图4-24

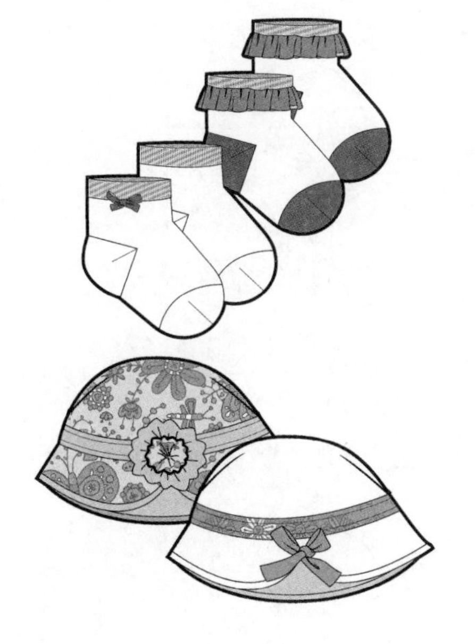

图4-25

图4-26

（二）幼童服

1～3岁为幼儿期，这一阶段，孩子身高体重都在快速增长，喜欢游戏，对醒目色彩极为关注，服装应尽量体现趣味性，例如设计兔子鞋、青蛙帽子等，可迎合孩子的喜好。

这一时期幼童的体型特征为头大、脖子短、腹部凸、上身长。服装款式设计要多采用宽松造型，便于活动，服装可采用A型，使下摆张开，遮盖腹部，这种款式既宽松舒适又可爱活泼。色彩较婴儿装鲜艳，面料可添加各种图案，以柔软、耐磨、耐脏为首选。部件方面可添加衣领，但考虑到幼童脖子短小的特征，多采用小圆领、坦领等设计。这一阶段的孩子刚学会走路，还不会自己穿衣，或者正处于刚会自己穿衣的实习期，因此服装穿脱还是不宜复杂。幼儿期的孩子对美感已经略有意识，会自己要求穿喜欢的服装。

幼童服主要款式有分体式服装、外套、衬衣、T恤、休闲裤等（图4–27）。

图4–27

（三）小童服

4～6岁为小童期，这一时期要训练孩子自己完成自己的日常事务，因此服装款式应简洁方便，便于穿脱，设计重点应放在保护身体和方便活动上，可设计各种款式的背带裤、可调节有松紧带的裤等，避免过于束缚孩子影响发育的服装款式。

在面料的选择上采用耐磨、不易褪色的面料，这一阶段的孩子非常顽皮，在游戏过程中跑、爬、跳等动作时常会将服装磨损，在细节设计上可在膝盖、肘关节等部位增加防磨损、撕裂的加固布，既有装饰作用也增加了安全性。在色彩选择中，多采用一些明度较高的鲜艳色彩，同时设计些卡通、动物、花卉等装饰物缝装在服装上（图4–28）。

图4–28

（四）中童服

7～12岁为中童期，这一时期的孩子体型变化不像学前期那么明显，随着年龄的增长，腹部变得平坦，下肢修长，身材匀称。这一时期的活动环境发生了变化，由家庭转

图4–29

到学校，开始集体生活，有规律的学习知识。在学校一般都会统一穿着制服，这也是培养孩子团队合作精神的方式之一，在校外可穿着休闲装、运动装，款式应尽量简单大方，符合学生的精神面貌和积极向上的特点（图4–29）。

（五）大童服

13～16岁为大童期，这期间的孩子处于体型、心理发育的高峰期。身体逐渐成熟，思想逐渐独立，对穿衣打扮有着自己的观念和选择。

女生的体型，胸、腰、臀的曲线日渐明显，已近似成年人，所以服装除了满足学生身份外，还要塑造青春向上的形象，款式可采用T恤、衬衣、裙、裤等。男生肩部变宽，胳膊和腿部肌肉发达有力，大体服装也可分为休闲装、运动装、家居服等不同类型（图4–30），大童服装在款式上大方简洁，有成人化的趋势。

图4–30

案例分析：如图4-31～图4-40所示。

项目名称：童装设计

品牌理念：该品牌针对中国童装行业提出一种全新的设计理念和极简的生活哲学，追求“安全舒适”“简约时尚”的特色，使童装的本质回归为生活的本质，以人为本，在设计上要求突出人性化，体现关注童年的美好时光，倡导一种追本溯源的极简生活哲学与轻松愉快的生活态度。

品牌元素：服装整体追求简约时尚的特色，抛弃艳丽复杂的色彩，追求轻松、简约的感觉，造型简单、大方，线条柔和、流畅，面料上追求环保、绿色、健康、高档的质感及舒适的触感，体现品牌真正的价值。

品牌风格：以欧洲风格为主，该品牌起源于欧洲的一个童话故事。

主题一：小公主“贝菲可Perfect”

目标客户：4～12岁女童，重点4～8岁女童

主题二：小骑士“哥诺威奇Gravity”

目标客户：4～12岁男童，重点4～8岁男童

项目要求：

（1）根据项目内容，绘制系列服装效果图和款式图（电脑、手绘均可），规格为A4纸张大小，一款一稿，款式图正反面均要绘制，要有设计说明，要求构图清晰、结构清楚。

（2）色彩要协调，要确定品牌基本色系，流行色与品牌风格要相呼应。

（3）强调衣着的舒适性，符合童装的年龄特点。

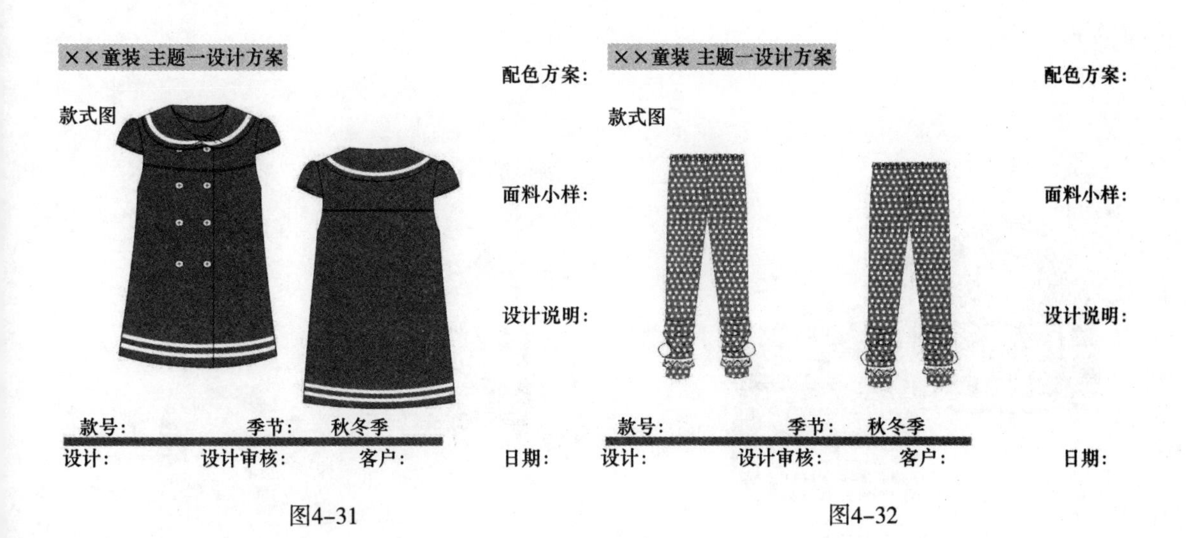

图4-31　　图4-32

××童装 主题一设计方案

款式图

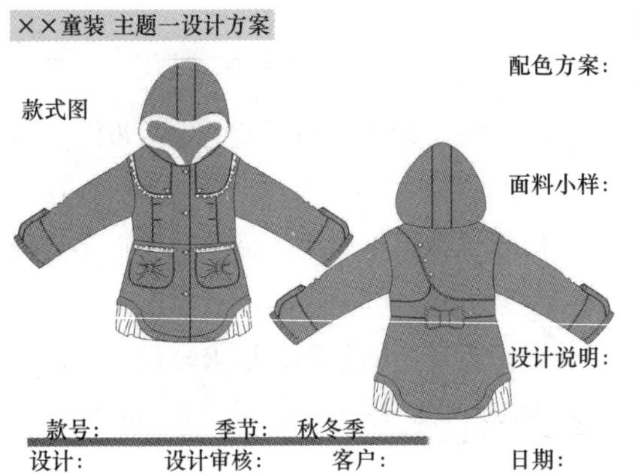

配色方案：

面料小样：

设计说明：

款号： 季节：秋冬季

设计： 设计审核： 客户： 日期：

图4-33

××童装 主题一设计方案

款式图

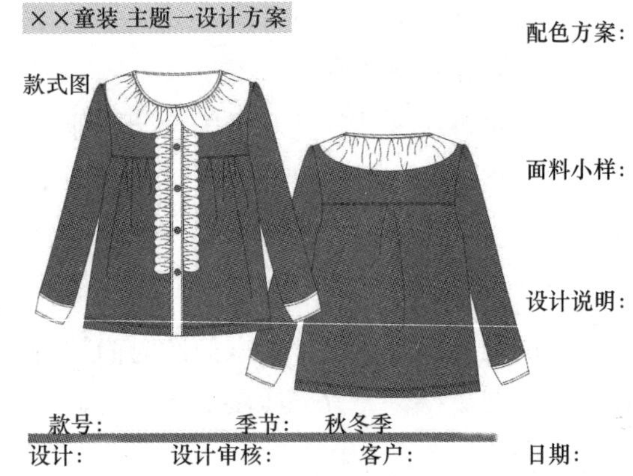

配色方案：

面料小样：

设计说明：

款号： 季节：秋冬季

设计： 设计审核： 客户： 日期：

图4-34

××童装 主题一设计方案

款式图

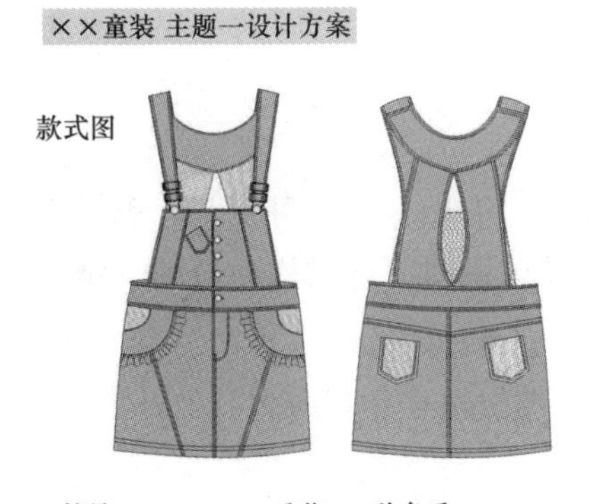

配色方案：

面料小样：

设计说明：

款号： 季节：秋冬季

设计： 设计审核： 客户： 日期：

图4-35

××童装 主题一设计方案

款式图

配色方案：

面料小样：

设计说明：

款号： 季节：秋冬季

设计： 设计审核： 客户： 日期：

图4-36

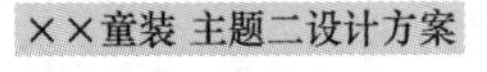

××童装 主题二设计方案

款式图

配色方案：

面料小样：

设计说明：

款号： 季节：秋冬季

设计： 设计审核： 客户： 日期：

图4-37

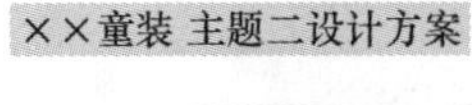

××童装 主题二设计方案

款式图

配色方案：

面料小样：

设计说明：

款号： 季节：秋冬季

设计： 设计审核： 客户： 日期：

图4-38

图4–39　　图4–40

第四节　服装款式图绘制举例

服装分类方法有很多，一般从人的性别、年龄、形态、面料、季节、用途、工艺等方面进行分类。本书按照人体结构，分上衣和下衣，来讲述不同服装类型在手绘中的表现。

一、裙子绘制

裙子的种类很多：有连衣裙、分体式腰裙、衬裙。

分体式腰裙一般由裙腰头和裙身两个部分组成。按裙腰头可分为高腰裙、中腰裙、低腰裙；裙身按裙长分为拖地裙、长裙、中裙、短裙、超短裙。裙子是女装中最常见的款式，无明显季节性，广受女性喜爱。

1. **绘制要点**

绘制裙子，常用的绘制手法是褶皱的表现。裙子多表现女性的柔美感，裙身附着在人体上会产生一定的线型，绘制线型不仅要有良好的美感，还要考虑与板型与面料的结合。例如：面料柔软，裙身垂感强，裙身用料多，褶皱的线型则丰富多变，另外参考腰头部分是否有绳带、皮筋、腰带等穿引，任何细节都会影响到裙身变化。因此绘制款式图，不仅仅要会观察，还要会思考。在绘制裙子之前，需掌握女性下半身的比例关系如图4–41所示。

2. **应用举例**

下面以腰裙为例，讲述绘图步骤：

第一步：①画框架：绘制人体中心线，注意服装比例及对称关系。

②定腰头：参考腰围线、裙腰宽、裙腰长绘制完整腰头。

③绘裙长：参考腿部比例，制订裙长，绘制轮廓线，完善裙型。

④绘细节：绘制拉链等装饰的位置及细节。

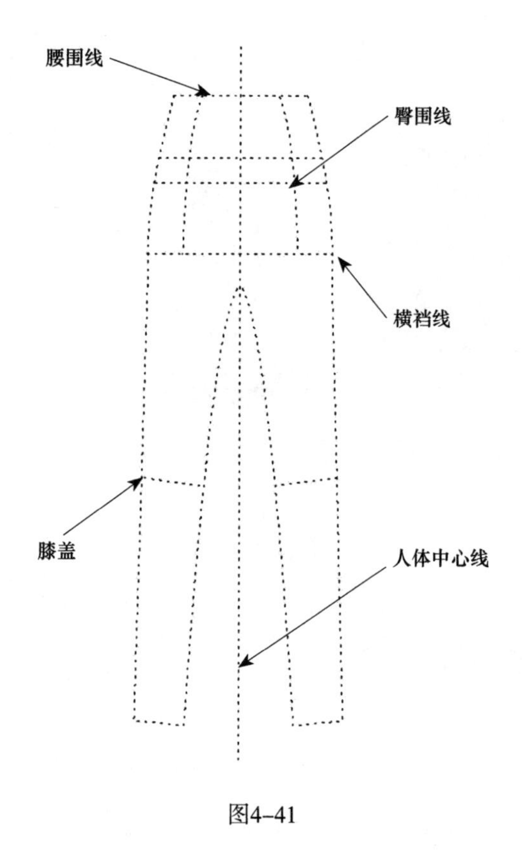

图4-41

如图4-42所示。

第二步：①绘襻带：参考腰头设计，定襻带位置并绘制出襻带细节。

②描细节：绘制明缉线，并且完善裙子细节。

如图4-43所示。

第三步：绘罗纹：绘制底边罗纹，完善裙子细节。如图4-44所示。

第四步：①绘口袋：参考手围大小和裙长，绘制实用性贴袋。

②绘结构：绘制裙身内结构及分割线。

③绘制完毕，检查服装比例是否合理，是否具备可操作性。

如图4-45所示。

最后：参考上述步骤，变化设计进行练习裙子的绘制。如图4-46所示。

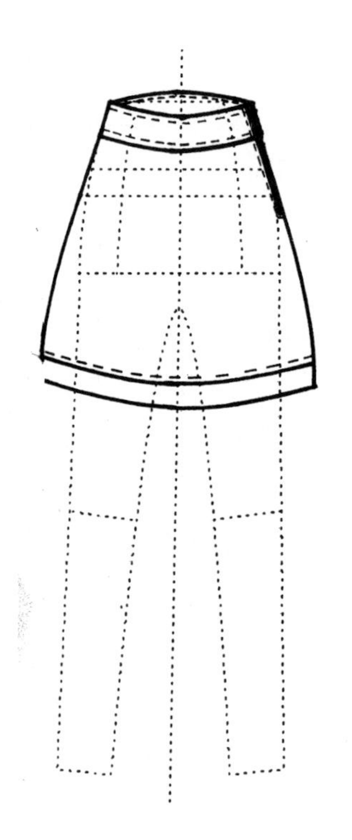

图4-42

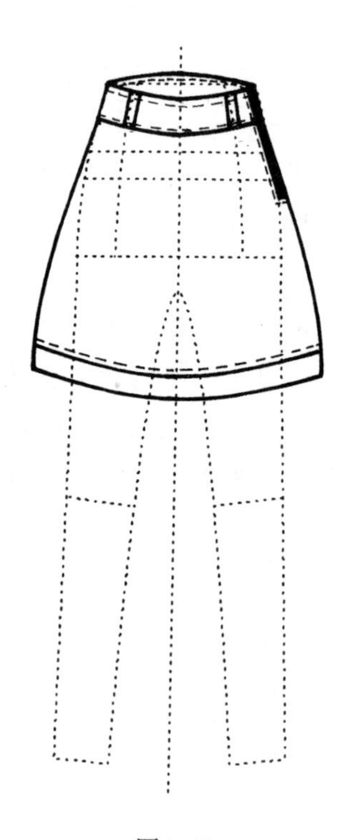

图4-43

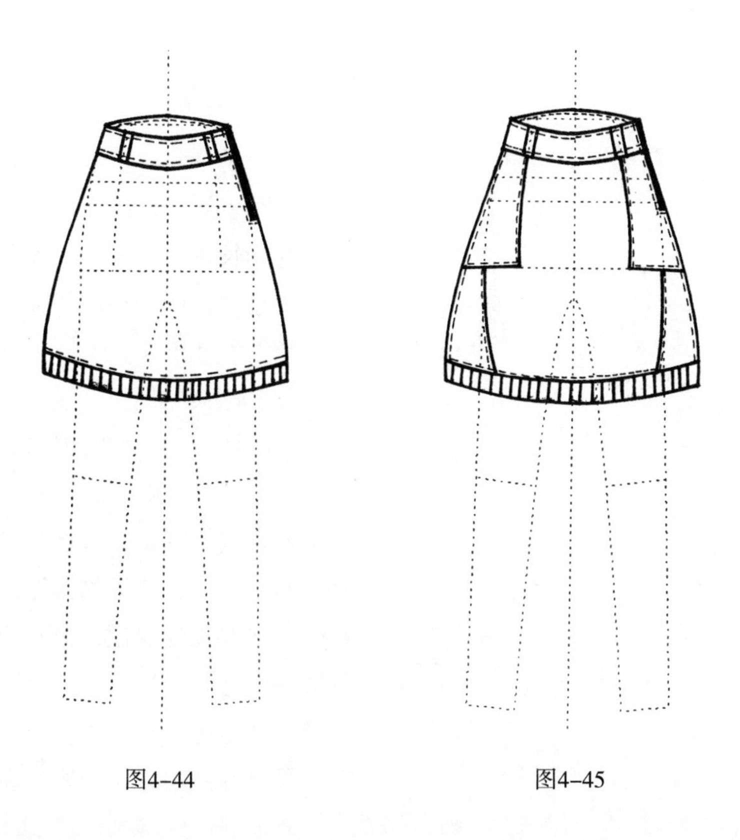

图4-44　　图4-45

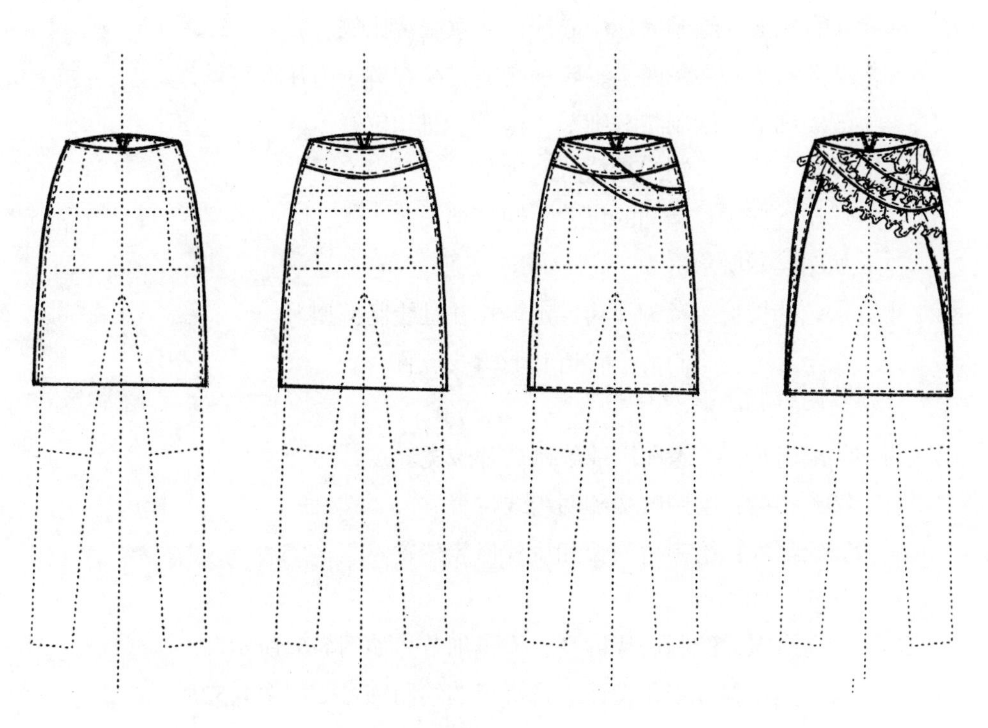

图4-46

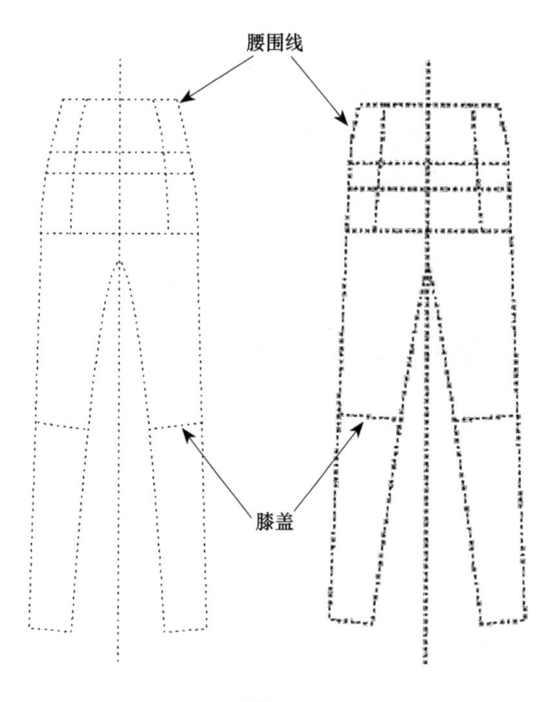

图4–47

二、裤子绘制

裤子是下装的基本形式之一。一般由腰头、裤裆、裤腿缝纫而成。裤身的长度可自行设计为长裤、九分裤、七分裤、中裤、短裤、超短裤；裤子外形特征可分为直筒、喇叭、窄腿、灯笼等。

1. 绘制要点

绘制裤子要注意腰围与胯的比例关系，当然这个部分会随着款式的变化而变化，如高腰款则腰线变高，低腰则腰线变低。绘制好基本型之后，裤子的具体细节也是可以设计的。如腰头的变化，腰开门位置的变化，腰省的变化，裤片设计，臀围线设计，口袋袋型设计等。裤子针对的人群很广，男性女性皆可穿着，如图4–47所示左为女性肢体，右为男性肢体。

2. 应用举例

下面以女式西裤为例，讲述绘图步骤：

第一步：①打框架：绘制人体中心线，注意服装比例。
②绘腰头：参考腰围，定前腰宽，绘制裤子前片腰头设计。
③绘细节：绘制腰头细节（襻带、纽扣位置）。
④绘工艺：绘制门襟位置及细节。
⑤绘裆型：参考裆的位置，制订裆长。
如图4–48所示。

第二步：①定裤长：参考脚踝线，定裤长并且绘制裤型。
②绘工艺：绘制裤子省道和明缉线位置。
如图4–49所示。

第三步：①绘后片：参考腰围线绘制后片腰宽。
②绘腰襻：绘制腰襻和明缉线位置。
③绘部件：绘制后裆长和后片口袋位置。
如图4–50所示。

第四步：参考脚踝，绘制后片裤身，完善细节，如图4–51所示。

最后：参考上述步骤，变化设计进行裤子的绘制练习。如图4–52所示。

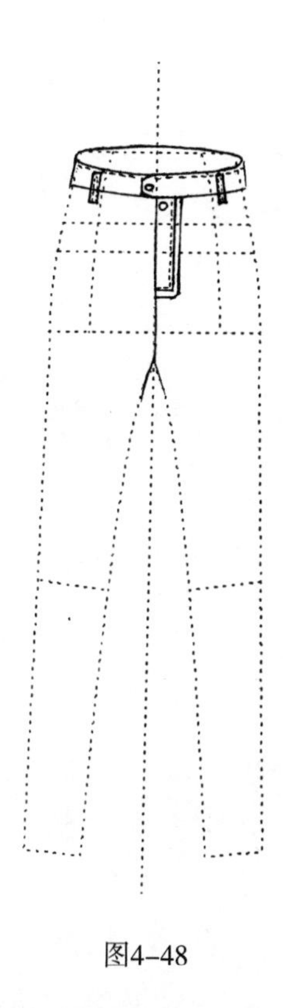

图4-48

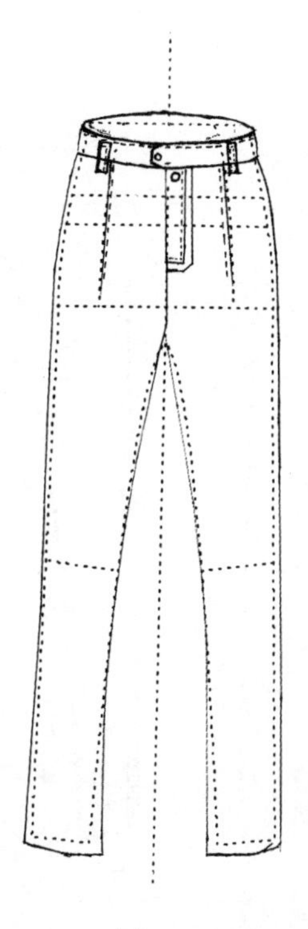

图4-49

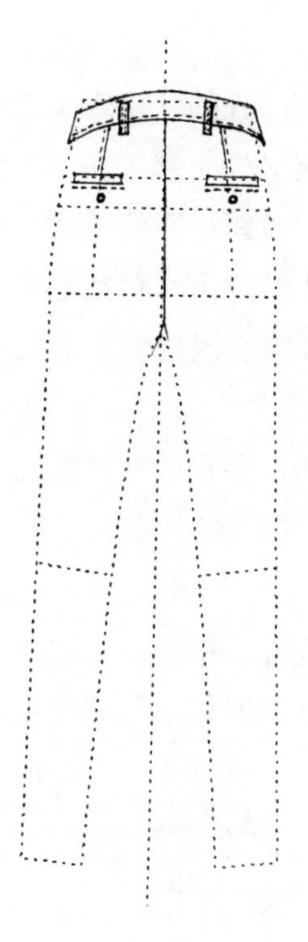

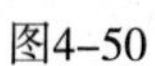

图4-50

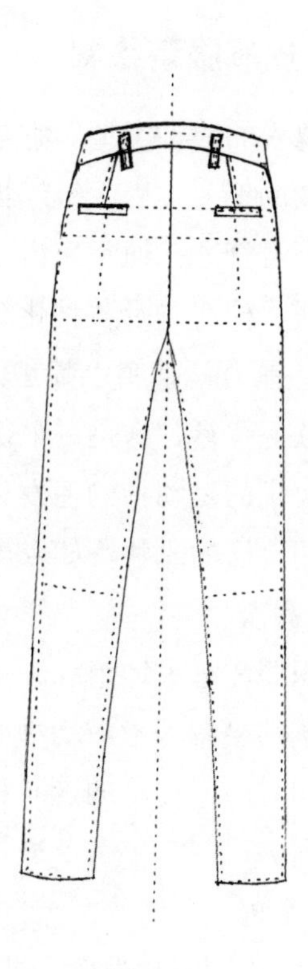

图4-51

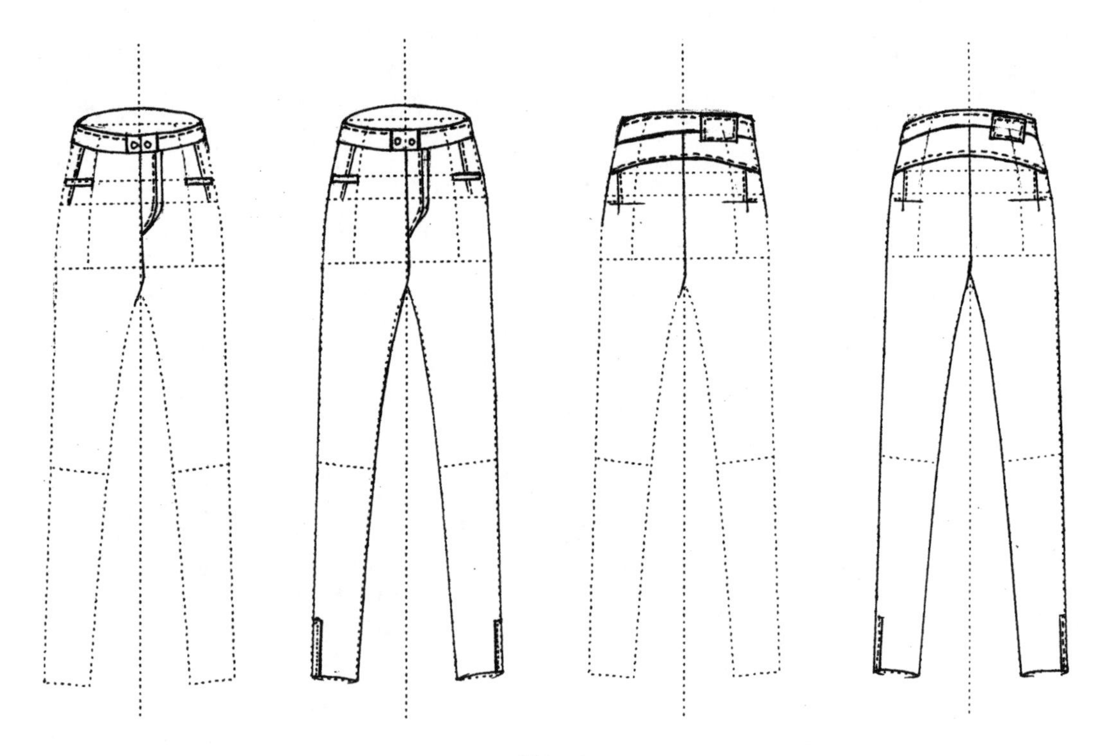

图4-52

三、针织、皮草服装绘制

针织是上衣的一种类型。它是利用织针把各种原料和品种的纱线构成线圈，再经串套连接成针织物的工艺过程。针织物质地松软，有良好的抗皱性与透气性，并有较大的延伸性与弹性，穿着舒适。通常来讲，针织衫是指使用针织设备织出来的服装，因此一般情况下，使用毛线、棉线以及各种化纤物料编织的衣服都属于针织衫，包括毛衣。甚至人们一般说的衬衫、弹力衫其实也都是针织的，所以也有针织T恤一说，但是很多人都将针织衫当普通的薄款毛线衫，这是一个很大的误解。

皮草主要指的是动物的毛发，人类自原始时期，就会以猎得的动物的毛皮制成衣服来避寒，或宣扬自己的成就。如今皮草已经成为服装时尚、昂贵的代名词。

1. **绘制要点**

绘制针织要注意平针组织、罗纹组织、移圈组织等变化。根据服装的设计元素安排花型排列。皮草的绘制因考虑动物毛皮的特殊效果，在用线的时候忌绘制死板，用线应该轻盈、蓬松。同时注意皮草的走向和层次感。图4-53所示左为女体上半身格律图，右为男体上半身格律图。

2. **应用举例**

（1）以女式针织衫为例，讲述画图步骤：

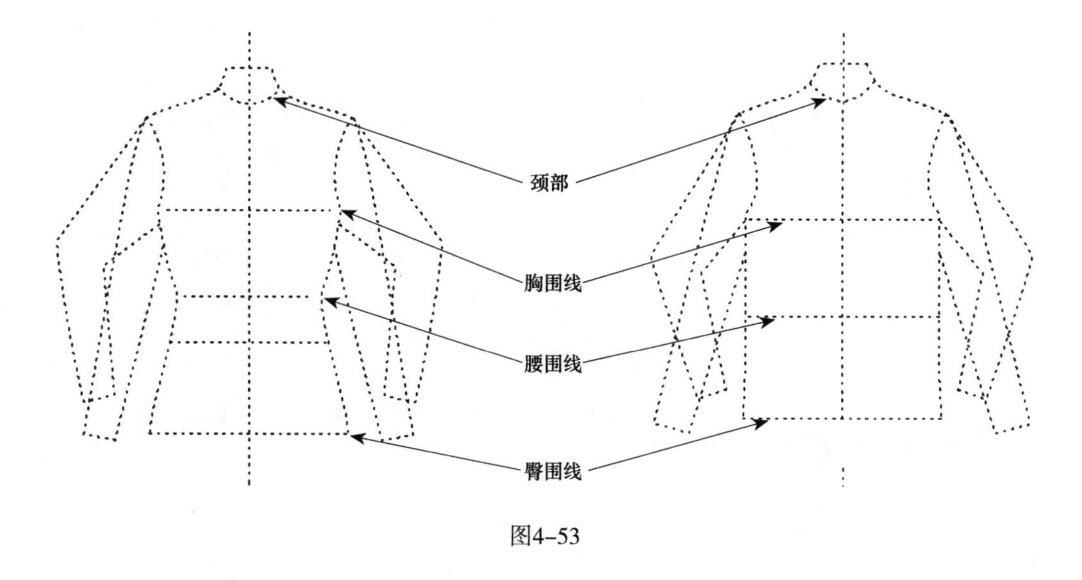

图4-53

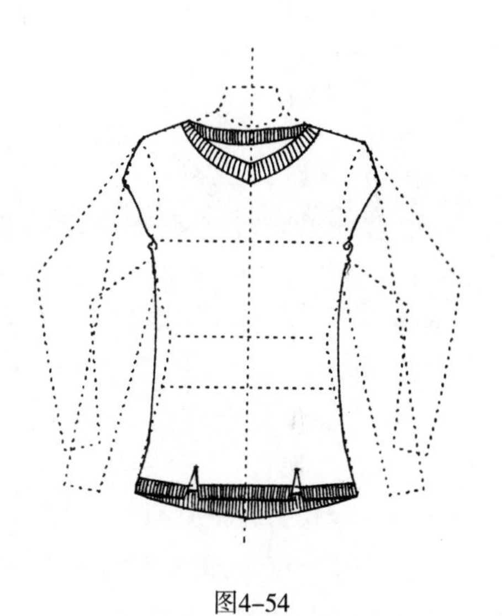

图4-54

第一步：①打框架：绘制人体中心线，注意服装比例。

②绘领型：参考肩宽制订领宽和领深，绘制领型。

③绘袖型：参考肩点、袖窿弧线绘制落肩袖。

④绘衣长：参考上身比例绘制整体衣长。

⑤绘细节：制订领边及底边罗纹宽度，绘制罗纹

如图4-54所示。

第二步：①绘袖型：绘制一片袖结构。

②绘细节：绘制袖窿缝纫线。

如图4-55所示。

第三步：①绘纹样：设计针织提花纹样。

②查细节：检查服装的可操作性，完善细节。

如图4-56所示。

最后：参考上述步骤，变化设计进行针织衫的绘制练习。如图4-57所示。

（2）以女式皮草为例，讲述绘图步骤：

第一步：①打框架：参考肩宽，制订领子的宽度和深度，定出领型。

②绘制领型：将领型所定节点连接起来，用线条勾勒出完整领型。

③绘服装：参考袖窿弧线绘制袖窿大小，给定松量绘制衣服侧面轮廓。

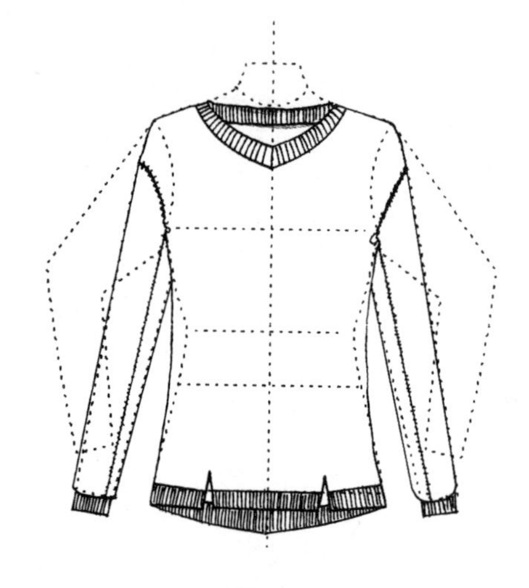

图4-55

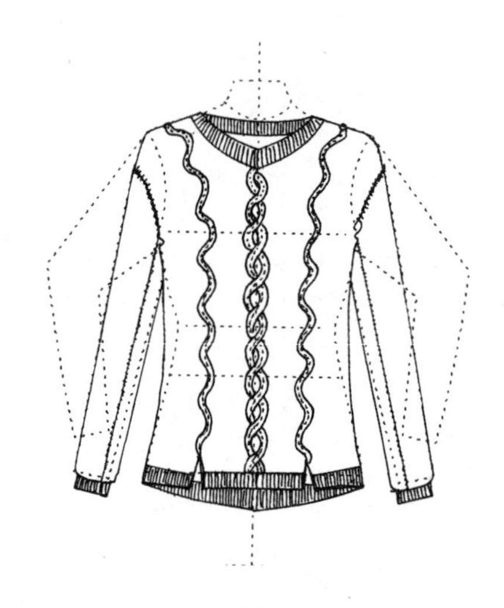

图4-56

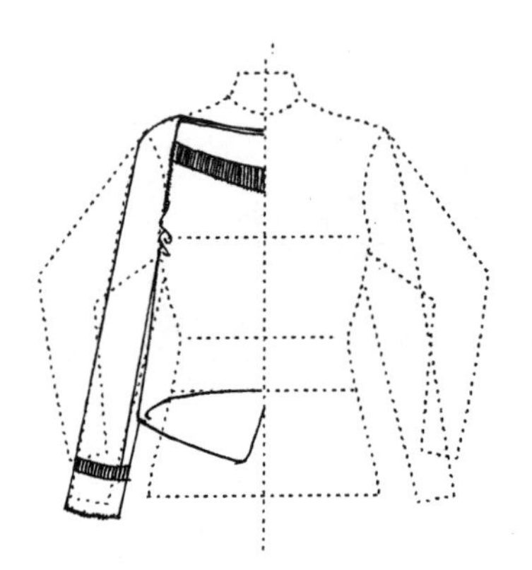

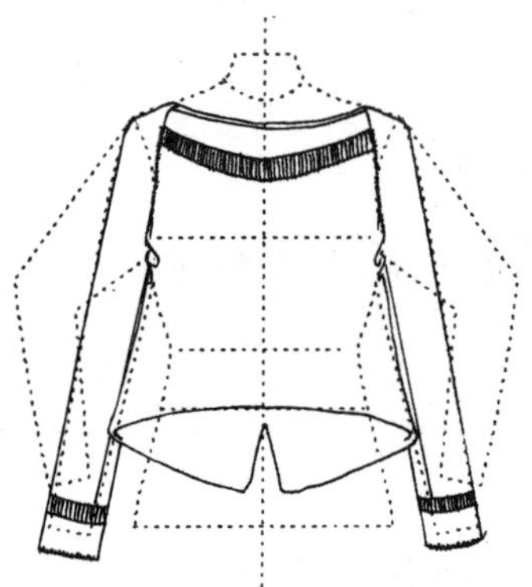

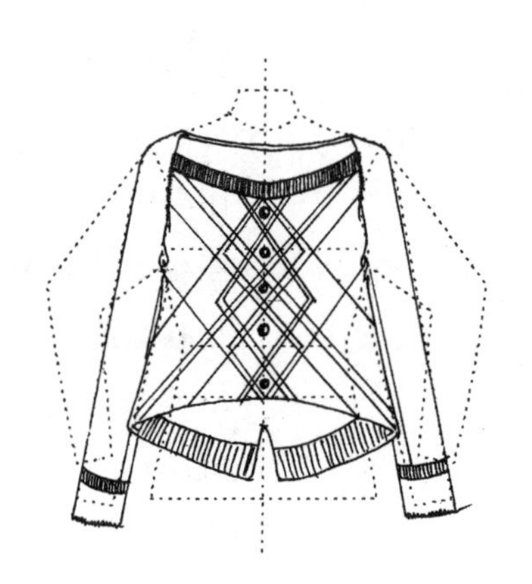

图4-57

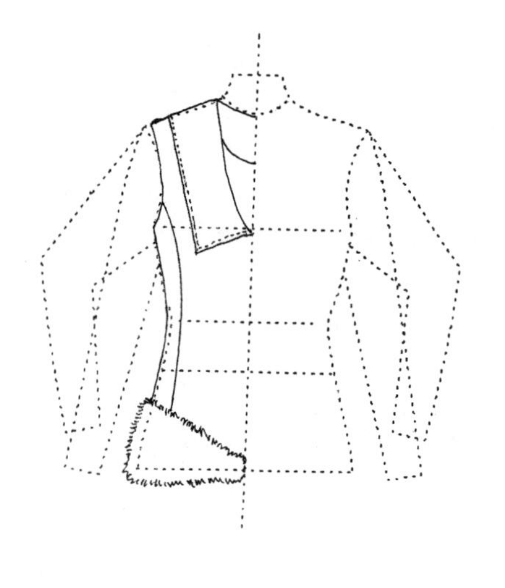

图4-58

④定衣长：参考人体着装效果，制订衣长。

如图4-58所示。

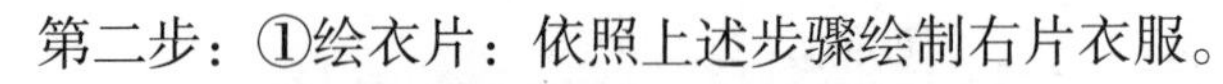

第二步：①绘衣片：依照上述步骤绘制右片衣服。

②绘装饰：绘制拉链以及腰带。

③绘细节：整理衣身细节，如服装里料及缉线宽度。

如图4-59所示。

第三步：①绘袖型：绘制一片袖，在袖口加以皮草装饰。

②绘面料：绘制领边皮草。

③查细节：检查服装细节和可操作性。

如图4–60所示。

最后：参考上述步骤，变化设计进行皮衣的绘制练习。如图4–61所示。

图4–59

图4–60

图4–61

四、西装、衬衣绘制

西装、衬衣作为上装，可按性别分为男装和女装；也可按款式风格分为职业装和休闲装。西装和衬衣由领型、衣身、袖型、口袋、装饰要素等构成。也可结合当年流行趋势进行创新设计。

1. **绘制要点**

绘制西装，常用的绘制手法是内结构的表现。西装常用面料是挺阔型面料，外造型多以X型、H型为主，在绘制西装领型的时候要注意领型的结构，领面与驳头的关系，同时领面与驳头的比例也会影响到服装休闲与职业的定位。衬衣在绘制的过程中要注意内结构与外廓型的关系，尤其是女装衬衣，随着流行趋势的变化，可增加多种装饰元素。

2. 应用举例

图4-62

（1）以女式西装为例，讲述画图步骤：

第一步：①参考侧颈点和肩宽线，绘制西装领型。

②参考人体比例及着装效果，制订衣长。

③将领型、门襟、衣长完整绘制。

如图4-62所示。

第二步：①参考袖窿弧线，绘制袖窿和服装侧面。

②根据服装比例，制订口袋位置及口袋大小。

③绘制服装内结构，完善服装细节。

如图4-63所示。

第三步：①绘制袖片结构。

②绘制领型、衣身明缉线，完善服装细节。

如图4-64所示。

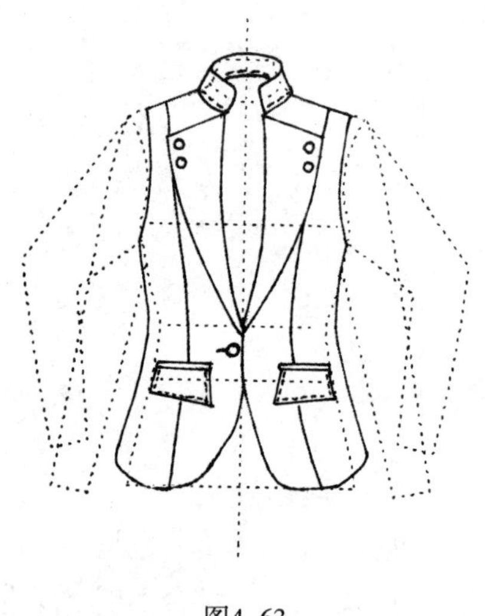

图4-63

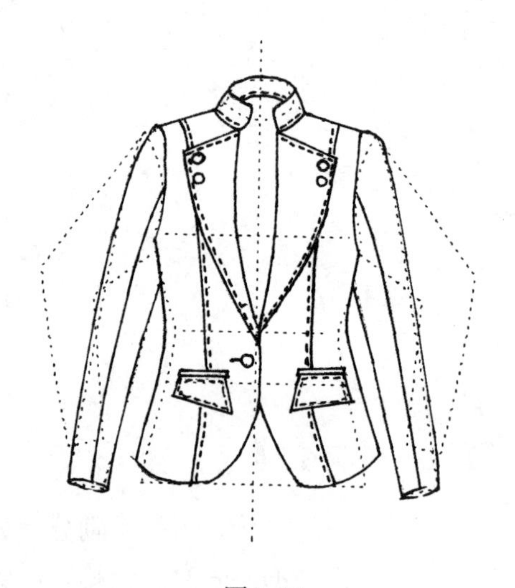

图4-64

最后：参考上述步骤，变化设计进行西装的绘制练习。如图4-65所示。

（2）以女式衬衣为例，讲述绘图步骤：

第一步：①参考肩线，定领宽、领深，绘制翻折领。

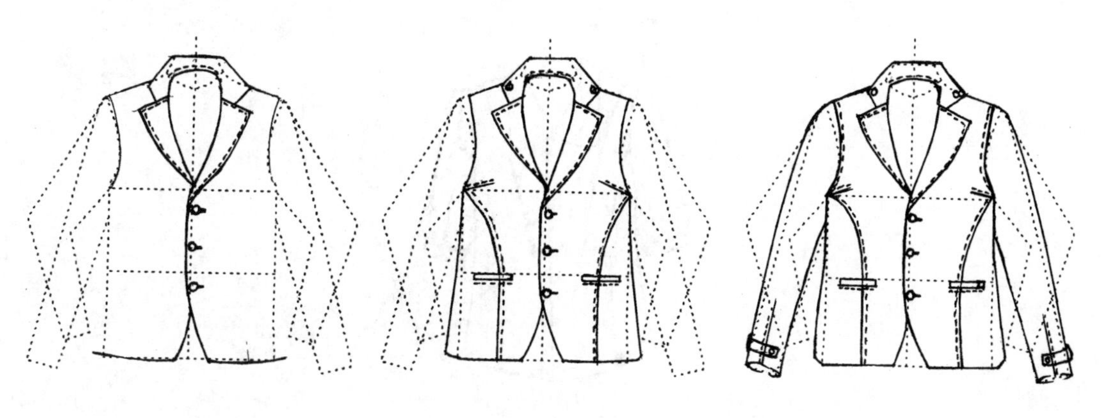

图4-65

②制订衣长，绘制门襟。

③完善领型及门襟明缉线。

如图4-66所示。

第二步：①参考袖窿弧线，绘制袖窿及服装侧面廓型。

②参考衣长，绘制完整衣片。

如图4-67所示。

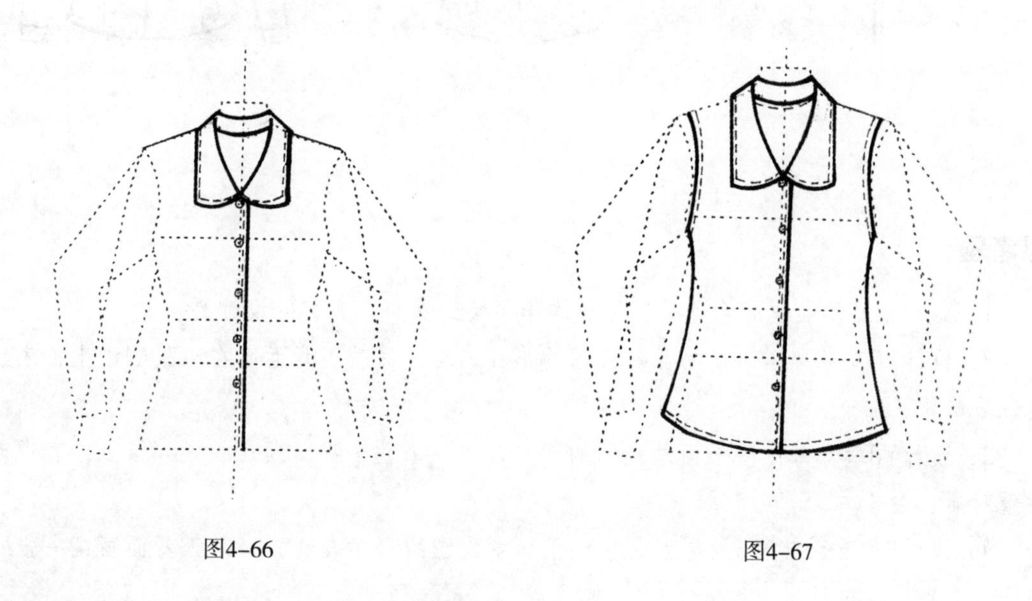

图4-66　　图4-67

第三步：①参考袖窿弧线宽度，绘制泡泡袖。

②结合泡泡袖特点，完善袖型细节。

③参考人体比例，绘制服装内结构。

④完善服装细节，推敲服装的可操作性。

如图4-68所示。

最后：参考上述步骤，变化设计进行衬衫的绘制练习。如图4-69所示。

图4-68

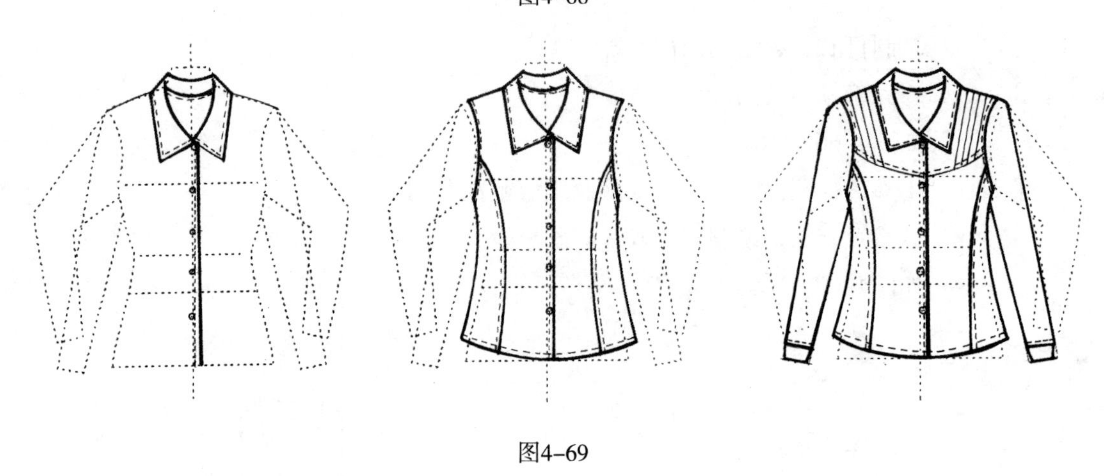

图4-69

思考题

1．通过最新服装发布会作品，分析本季男装、女装、童装的设计要点。

2．设计10款半身裙，以平面款式图的形式表现，每款正背面画在一张A4纸上，表现时注重材质、细节。

3．设计10款女裤，以平面款式图的形式表现，每款正背面画在一张A4纸上，表现时注重材质、细节。

4．设计5款女西装及5款男西装，以平面款式图的形式表现，每款正背面画在一张A4纸上，表现时注重材质、细节。

5．设计5款女衬衫及5款男衬衫，以平面款式图的形式表现，每款正背面画在一张A4纸上，表现时注重材质、细节。

6．设计10款女针织衫，以平面款式图的形式表现，每款正背面画在一张A4纸上，表现时注重材质、细节。

7．设10款女皮草外套，以平面款式图的形式表现，每款正背面画在一张A4纸上，表现时注重材质、细节。

基础练习——

服装款式图在服装成衣生产中的应用

课题名称： 服装款式图在服装成衣生产中的应用

课题内容： 1. 设计草图

2. 服装设计定稿图

3. 服装制作（工艺单）款式图

4. 服装新品推广图

5. 展示用服装效果款式图

课题时间： 8课时

教学目的： 通过教学，使学生了解服装款式图在不同的服装成衣环节中的表现要求，同时关注不同要点。

教学方式： 理论讲授，图例示范，辅导练习。

教学要求： 1. 使学生了解设计草图、服装设计定稿图、服装制作（工艺单）款式图、服装新品推广图、展示用服装效果款式图的不同之处。

2. 使学生了解服装制作（工艺单）款式图中工艺文字如何阐述。

3. 使学生了解服装款式图的规范要求及注意事项。

课前准备： 通过预习总结设计草图、服装设计定稿图、服装制作（工艺单）款式图、服装新品推广图、展示用服装效果款式图的重点及区别。

第五章　服装款式图在服装成衣生产中的应用

服装设计是艺术和技术的完美结合，服装设计是服装设计师经过市场调查，分析各种流行因素，进行设计构思，然后绘制出设计草图和效果图，并通过服装技术部门采料，打板，打样，直至批量生产并投放市场的过程。服装的艺术构思是时装美的基础，工艺是实现服装设计的物质条件，服装款式图（也称服装平面图或服装工艺结构效果图）是以表现服装工艺结构，方便服装生产部门使用为目的的图示。

在工业化服装生产的过程中服装款式图的作用远远大于服装效果图，但是，服装款式图的绘制往往会被初学服装设计的学生和服装专业者所忽略，这样会给服装设计者与服装打板师、样衣工之间的交流造成很大的障碍。有很多服装设计师甚至认为只要画好了服装效果图，服装款式图自然就会了，也有人认为，服装款式图只要能交代清楚服装款式就行了，其他不用管，这些看法对设计者在实际工作中产生很多误导。虽然服装效果图具备很强的表现力，但是它的表现不能将服装款式准确地表达出来，这是由于服装效果图中包含着一个立体的、动态的人体，由于人体动态等多方面原因，服装的细节不可能在服装画上完全显现出来，另外，在服装画的教学中，人体总是以被夸张后的比例出现，把服装穿在这样的人体上，服装自然就会出现变形，虽然这样看起来服装的效果得以美化，但对于打板师和样衣工来说，如果按时装画来打板和制作，那就让他们太伤脑筋了，所以对于服装款式图，我们也要向对待服装效果图和工艺等一样认真对待！

第一节　设计草图

作为一种工具和技巧，草图在设计过程中扮演着很重要的角色。

设计草图的绘制有两个特性：绘制要快速和表达要清楚。它主要被用于设计师之间的交流，草图是最初的设计。设计草图的作用，当有了构思要第一时间记录下来，草图就是最捷径的办法；草图画多了会有助于激发创意；草图能够第一时间方便地和别人进行交流。至于最终的电脑效果图都是从最初构思的草图而来的，所以草图是基础。不管画得好不好，只要掌握了这个工具，就会对设计带来很大的帮助（图5-1）。

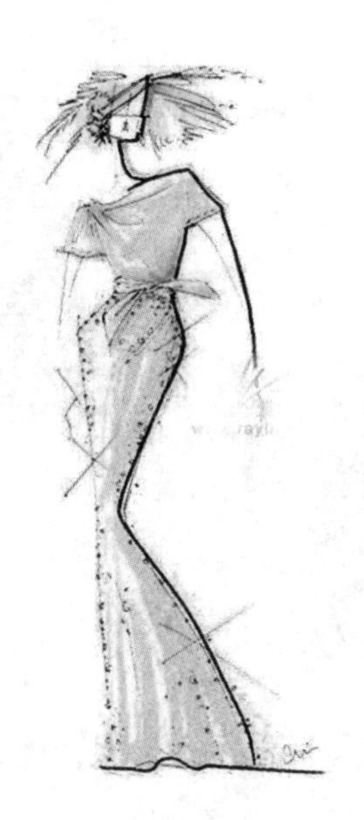

图5-1

第二节　服装设计定稿图

服装设计定稿图具有直观性，定稿图能够直观、生动地将设计意图以最直接的方式传达给观者，从而，使观者能够进一步认识和肯定设计理念与设计思想。服装设计定稿图具有普遍性。普遍性在于其规范、易懂、准确，所以可以很方便地进行流通，从而形成了一种观念：要让我看你的设计，那就等于是看定稿图，没有定稿图，就说明没有设计（图5-2）。

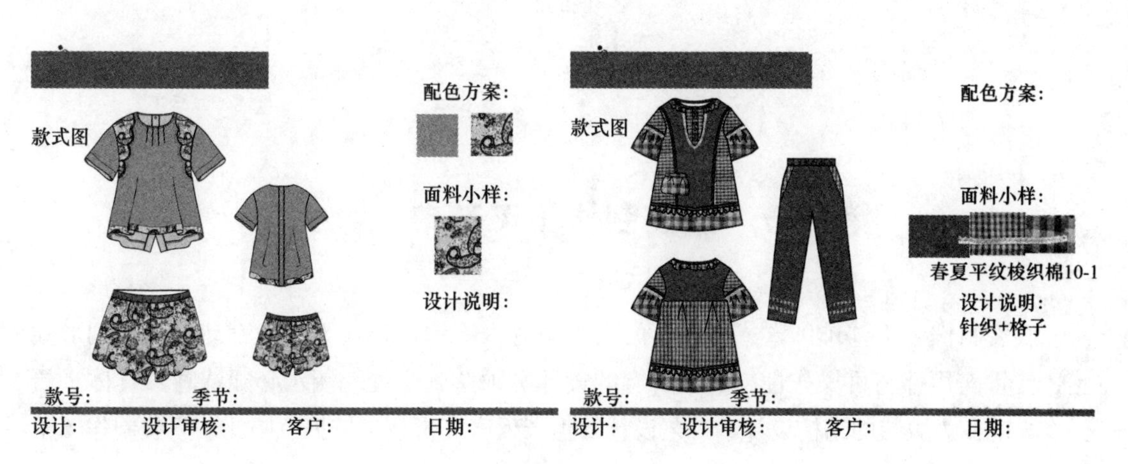

图5-2

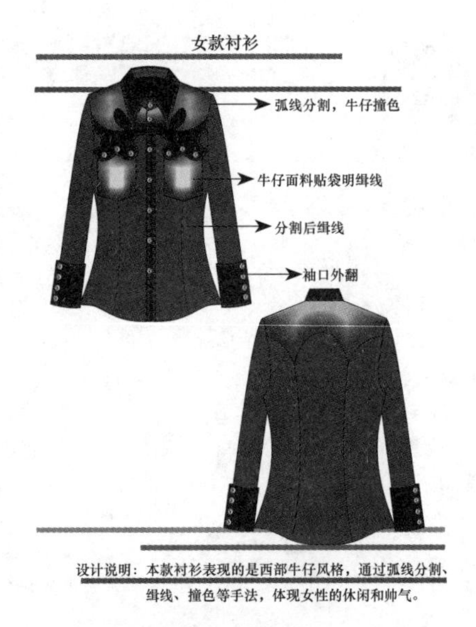

图5-2

第三节 服装制作（工艺单）款式图

服装制作（工艺单）款式图是专门用于企业内部的设计稿。这种设计稿不强调形式感，注重实用性与可操作性，要求所有的设计必须落到实处，图示必须清晰、具体、严谨、规范，为服装的结构设计、工艺设计等生产程序提供技术依据。因此，服装制作（工艺单）款式图不强调艺术性，只要求服装各部位比例正确，如图5-3所示。

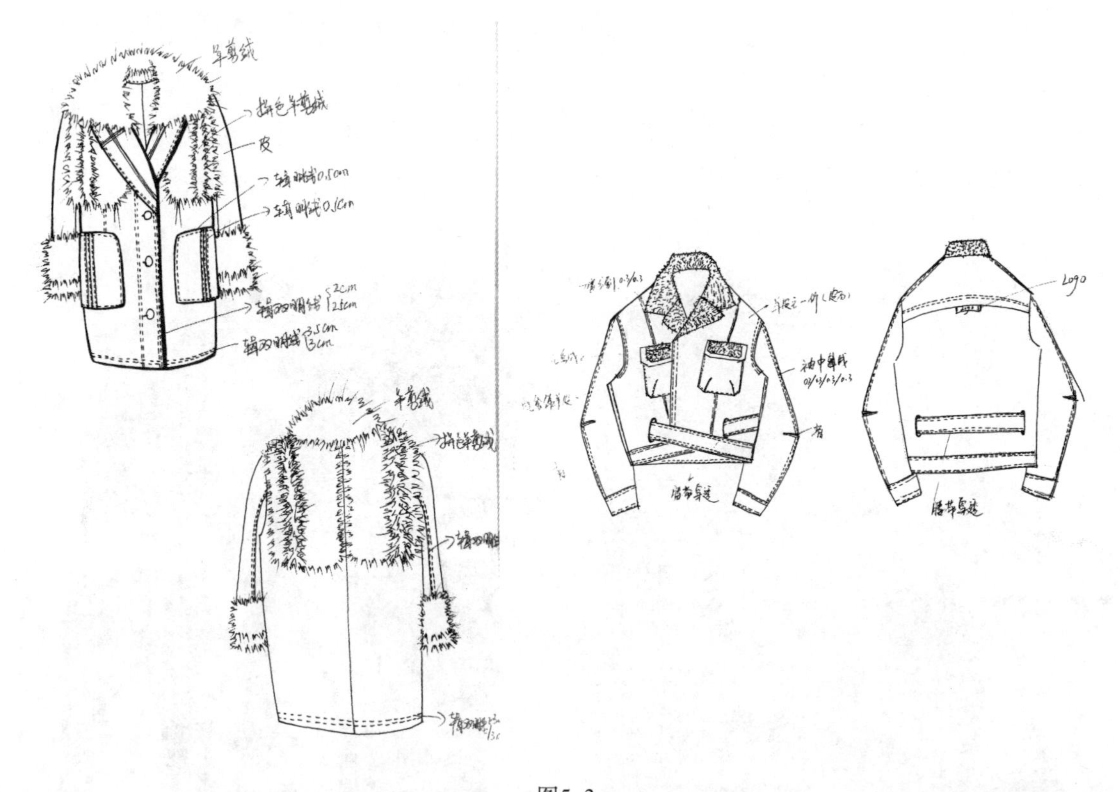

图5-3

服装制作（工艺单）款式图要画出服装的平面形态，包括具体的各部位详细比例，服装内结构设计或特别的装饰，一些服饰品的设计也可通过平面图加以刻画。款式图应准确工整，各部位比例形态要符合服装的尺寸规格，一般以单色线条绘制，线条要流畅整洁，以利于服装结构的表达。

服装制作（工艺单）款式图一般包括以下几个方面：文字说明；服装正面、背面结构图；工艺细节说明；尺寸标注；面料、辅料应用等。

第四节　服装新品推广图

在服装的推广环节，款式图也能发挥重要作用，在这一环节中，服装款式图被广泛应用在新品的宣传、推广与订货会上。在这一环节中，服装应该以搭配与变化的整体效果呈现在受众面前，对于服装的上下搭配、内外搭配、饰品搭配、色彩的选择等都应加以说明。

服装新品的推广又分为业内人士的推广与大众媒体的推广。面向业内人士的新品推广主要针对经销商和代理商等销售人员。在订货会上，应该将服装款式以系列的形式在款式图册上展示，并对整体搭配与分件标注加以说明，将货号或编号标注于上，以方便订货时使用。

面向大众媒体的新品推广多以实物图片的形式进行展示，有时也用款式图来代替，主要强调服装风格与品牌的广告效应，如图5–4所示。

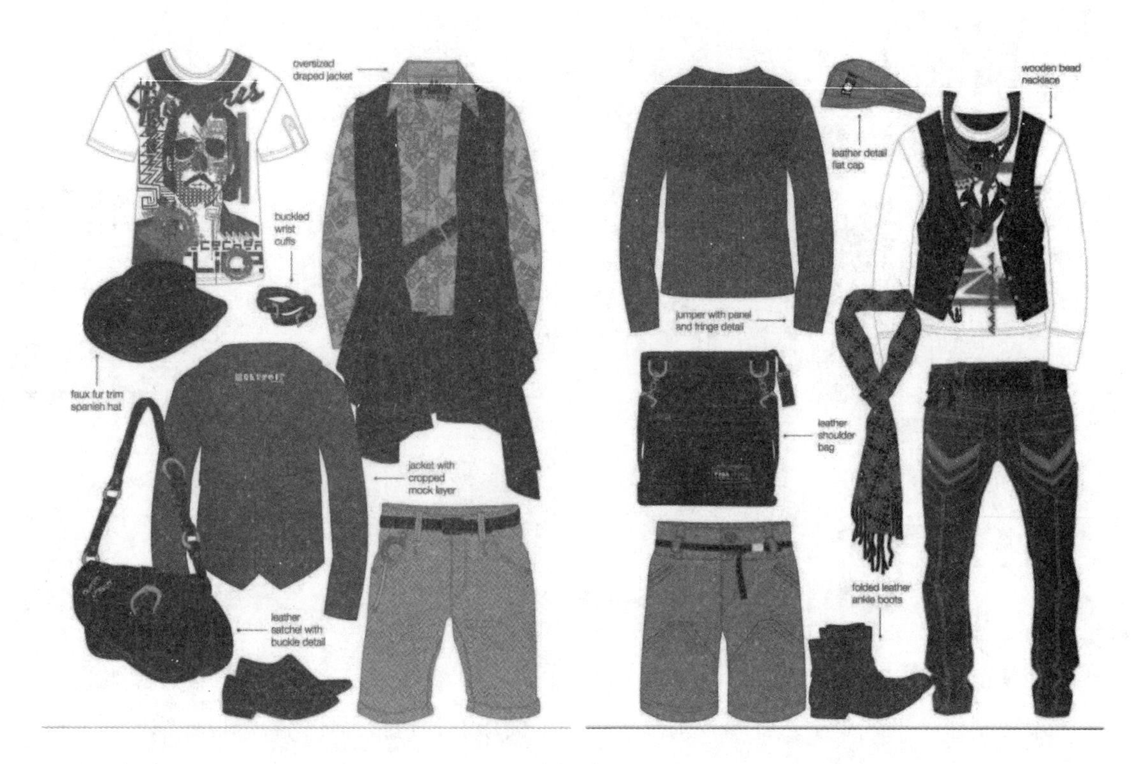

图5–4

第五节　展示用服装效果款式图

要将“模糊”的想法、突现的灵感“固定”住，必须得运用某种相宜的形式。对于从事服装设计的人来说，时装画就是一种直观而有效的方法。通过时装画，设计师可以表达设计思想，修正设计观念，消除思维中的模糊干扰，使得新颖的想法得到表现（图5–5）。但是，无论是画欣赏性的服装画，还是画实用的服装效果图，都必须具有扎实的美术基本功，这就需要严格的素描、速写和默写训练，并掌握各种技法，这些都是获得基本功的必要手段。

图5-5

图5-5

思考题

1．绘制一系列服装设计定稿图，男女装不限，要求上色并且有工艺说明。（8开纸张，5套）

2．绘制一系列服装制作款式图，男女装不限，要求有工艺说明。（8开纸张，5套）

基础理论——

服装款式设计与流行趋势

课题名称： 服装款式设计与流行趋势

课题内容： 1. 服装的流行与发展

2. 服装款式设计的风格

3. 流行趋势分析

课题时间： 8课时

教学目的： 通过教学，使学生了解什么是流行趋势，且如何收集流行趋势，如何结合本季流行趋势完成服装设计。

教学方式： 理论讲授，流行分析。

教学要求： 1. 使学生懂得流行趋势提案，包括的内容有流行主题、流行色彩、流行款式、流行面料、流行图案、流行配件等。

2. 根据流行趋势的信息收集，使学生学会流行趋势提案的制作。

3. 使学生能根据流行趋势完成款式设计。

课前准备： 上网查阅相关资料，收集当季流行趋势资料，并能自行完成PPT的演示稿制作。

第六章　服装款式设计与流行趋势

服饰文化作为人类社会文化的一个重要组成部分具有表征性特色，服饰文化的流行在诸多流行现象中表现尤为突出，它不仅是一种物质生活的流动、变迁和发展，而且反映着人类的世界观、价值观的转变。流行现象的主要媒介手段是人类的模仿本能，从意义上讲，流行现象是与人类的历史一样久远的。

第一节　服装的流行与发展

流行是指迅速传播而盛行一时的现象。流行是时代的反映，是一种观念的形成，体现整个时代的精神风貌。流行的内容很广，人文思潮、政治体制、经济模式、生活习俗、工业产品、社会现象等都能形成流行。流行有高尚与低级之分，与信奉该流行的人群素质有关。思想健康、品行正常的人崇尚积极向上的流行概念，意志消沉、行为怪癖的人喜好消极颓废的流行概念。

服装流行是指在服装领域里占据上风的主流服装的流行现象，是被市场某个阶层或许多阶层的消费者广为接受的风格或式样。服装流行是诸多流行的一种，因其内容通俗实用、涉及人员广泛、直接美化人群的特点而令人瞩目，是最大众化的流行现象。服装的流行包括造型、色彩、面料、工艺以及穿着方式、化妆方式等。

认识和把握服装流行的目的在于准确把握主流时尚的脉搏，从而设计出符合时尚的服饰。服装流行在其生产—推动—传播—衰亡的过程中，揭示了一个最实际意义的内容：即进行商业运作，创造商业利润。服装流行的兴衰演变、潮起潮落展现给人们的是服装市场的繁荣景象和多姿多彩，这正是流行创造的商业市场的前景与目标。涉及服装流行的所有现象，其终极目的是为了实实在在地获取商业利润。流行受设计变革的推动而产生，同时在流行的过程中社会群体标新立异、追求个性的行为又推动了社会的发展。

一、服装流行的要素

形成服装流行现象的因素很多，主要有下列四种：权威、合理、新奇、美丽。近世纪的服装流行多显示出权威、新奇、美丽的组合倾向，即流行是以对权威的追随为中心展开的，流行的方向是自上而下的。但现代的流行往往是合理、新奇、美丽的组合形式，流行中开始排除权威因素的影响，流行的方向是水平扩散的。

二、服装流行的周期性

反复是一种自然规律，在人类的审美感觉中，反复就成了一个十分重要的因素，反复现象表现在流行中即流行的周期，每隔一定的时间就重复出现类似的流行现象，流行的周期性主要受社会环境的制约，特别是决定人类生活方式变化的经济基础和与之相应的上层建筑直接左右着流行周期的长短，如图6–1所示的是20世纪80年代流行的宽肩造型，图6–2所示的是2010年前后服装宽肩的造型再度流行。

图6–1

图6–2

三、服装流行的形式

（一）自上而下的形式

服装流行自上而下的形式指的是服装从社会上层向平民百姓流行的形式，是服装流行中较为广泛的流行形式。纵观中外服装史，流行服饰都是从宫廷率先发起的，然后被民间逐步效仿而形成一种流行现象。宫廷贵族、社会名流的着装极易被关注，加上名人效应从而极易被效仿。例如，欧洲文艺复兴时期，英国女王伊丽莎白一世喜欢穿扇形立领的服装，于是宫廷贵族乃至市井小民纷纷效仿而流行一时（图6–3）。英国前王妃戴安娜的高贵气质，使她的四季着装都成为潮流女性注目的焦点。一种服装或者着装方式最初在富商名流间流传，仍然属于上层社会的生活方式，当它流传到下层社会，并开始被模仿复制以至普及以后，上层社会便开始再寻找新的事物，于是就会有新一轮的流行。

图6–3

（二）自下而上的形式

服装流行自下而上的形式是指当一种服装首先在下层社会中产生并普及，然后由于其某些优点特色而被上层社会所接受。下层社会在劳作中为了方便生活而创造出一些服装，经过长期使用，使人们逐渐认识到它的功能作用，并形成相应的审美观念，从而成为流行趋势，最后被社会广泛接受。与自上而下的流行对比，这种由于其实用性而被认可的服装一旦被接受会比较稳定，例如，众所周知的牛仔服，最初是由美国西部的淘金热而兴起，牛仔服因其耐磨、价廉而深受淘金矿工们的喜爱，以致成为典型的作业服的象征。后来由于各种文化的交融，牛仔服开始出现在时装中，直至今日，牛仔服已经成为前卫或休闲时装的一种（图6–4）。

图6-4

（三）平行移动的形式

由于工业化大生产的特点以及现在信息社会媒体传播的大众性，服装的流行信息在各个阶层同时传播，设计师或企业利用各种各样的展示会激起消费者的从众心理，使得某种服装迅速以铺天盖地之势向四周蔓延，这就是服装流行的平行移动。平行移动的流行最大众化，也最容易失去流行效应，如潮涨潮落，来之迅猛，去之亦快。很多流行犹如昙花一现，在出现不久即走向消失。

四、服装流行的预测

流行趋势是未来几个月甚至几年内才能出现的现象，因此，流行趋势存在预测的问题。谁的手中掌握着准确的预测报告，谁就有可能在未来的商战中获得胜利，随着信息时代的到来，掌握信息主动权的一方将是胜券在握的一方，掌握信息的关键不是任何信息都收集，因为信息中有些是无用的，信息收集应该与预测有关，并能将收集到的信息进行分析处理，做出自己的判断。正确的流行趋势会给服装生产厂家指明今后一段时间内的生产方向，会给消费者提示总的服装流行倾向，指导其购买行为，更主要的是，流行预测将给设计者指明设计方向。

流行预测并不是摆摆花架子走过场，而是要得到切实可行的结论来指导实践。因此，采用正确的预测方法是非常重要的，常用的流行预测方法有如下三种。

1. **问卷调查法**

问卷调查法是指要求被调查者回答调查问卷，从中得出结论的方法，是一般调查人员最常用的方法之一。这种方法得出的结论比较客观，具有一定的随机性。调查问卷上的问题要求紧扣调查主题，设计问题水平的高低直接影响调查结论的正确与否，问题的数量、范围、答卷人数、层次都会对调查结论产生影响，如果处理不善，调查结论可能会与实际情况相去甚远，会给实践产生误导。

2. **总结规律法**

总结规律法是指根据一定的流行规律推断出预测结果的方法。流行是有规律的，然而流行规律中有许多变量，这些变量会影响预测结果。某些流行预测机构参照历年来的流行情况，结合流行规律，从众多的流行提案中总结出下一流行季的预测结果。这种调查法比调查问卷法省时省力，但带有更多的主观性，人为分析因素过多容易使预测结果与实际情况产生偏差。为了防止出现这种情况，预测机构往往组织许多学识卓越的流行专家共同分析，集体讨论出最终结果。

3. **经验直觉法**

经验直觉法是指凭借个人积累的流行经验，对新的流行做出判断。一些大牌服装公司喜欢采用这种方法，执行者常常是这些大牌公司的首席设计师。由于大牌公司占据了一定的市场份额，有比较丰富的第一手市场资料，其产品也相对定型，风格上不容许做太大变化，因此它们对一般的流行预测报告并没有很大的兴趣，仍旧我行我素地推行自己的流行路线。服装设计是非常感性的东西，过于理性的分析往往无济于事，感性的直觉加上经验有时反而更有实效。

五、服装流行趋势发布及传播

（一）服装流行趋势的发布

服装流行趋势的发布是服装流行研究的核心和最终目标，是满足社会需要、繁荣经济的重要手段。作为商业行为的前期预报，它直接服务于服装的生产、流行、流通和消费。由于地域环境、经济水平、文化背景、生产及科技能力等方面的差异，服装流行信息的发布往往只代表一种主导倾向，而不是一成不变的，更不具有严格的约束性。为了追求商业利益和经济效益的一致性，各个国家和地区在流行发布中，尽管存在着很多不同，但在研究方法和发布手段上基本一致。

（二）服装流行趋势的传播

服装之所以能在不同的地域、不同的人群中有特定的流行方式，是因为服装流行传播所起的作用。传播是服装流行的重要手段和方式，如果没有传播就没有流行，也就不可能呈现出如此多样的着装风格。

1. 大众传播媒体

大众传播媒体是指一些机构（服装设计研究中心、服装设计师协会、服装研究所等）通过传播媒介，向为数众多、各不相同而又分布广泛的公众传播服装的流行信息，使服装的流行传递给有关企业、个人，快速渗入到大众生活中去。这种传播方式可以让各种层次的人及时了解服装流行趋势的发展与变化。具体地说传播媒介主要为两种形式：电视传播，央视的《东方时尚》、旅游卫视《美丽俏佳人》等，出版物传播，《服装设计师》《国际服装动态》《国际纺织品流行趋势》《VOGUE服饰与美容》《ELLE世界时装之苑》等。

2. 广告宣传

广告宣传是利用报纸、杂志、电视、广播、户外广告等，为了迎合消费者的心理需求依据自身的实际情况，同时又能保证消费者能够接受的广告策略。除了定期出版的刊物，各种海报、招贴、宣传画是流行传播媒介。各大商场门前或外部都有巨幅的时装海报，而繁华街区的道路两边各种服装广告灯箱比比皆是。再如地铁站、公共汽车站、火车站或机场等地，也是绝佳的信息来源地。不同国籍、年龄与社会阶层的人在此交集，这些服装信息对他们都产生了或多或少的影响（图6-5所示为Tommy HILFIGER 2016春季广告、图6-6所示为dunhill 2016春夏广告）。

图6-5

图6-6

3. 时装表演

服装流行作为一种社会文化现象，是通过具体的服装来展示的。时装表演是服装流行传播的手段之一，消费者通过观赏时装表演，能够对将要流行的服装趋势和特征有一种直观的了解，使服装流行的文化内涵与消费者的审美观念产生应有的共鸣。

4. 名人效应

社会名流由于其显赫的社会地位使得人们对他们的着装打扮分外注意，他们在公众场合的打扮很容易起到广告宣传的作用。从另一个角度讲，正因为他们是社会名流，出席各种社会活动的机会较多，他们需要用入时的服装打扮自己，以求完美的形象，因此他们也就自然地成为服装流行的传播者和倡导者。他们之中具有个性的人物，经常会在流行界展示出非凡的影响力。

5. 影视艺术

电视、电影是一种娱乐载体，同时也是传播服装流行的有力工具，它以动态的方式演绎着各种风格的流行服饰，以强大的视觉冲击力和感染力影响着人们的感受能力，并间接地影响着人们选择商品时的决定，尤其当电影或电视中的艺术形象令人觉得愉快、震撼时更是如此。近几年的电影《花样年华》《阿凡达》《环太平洋》《爱丽丝梦游仙境》《杜拉拉升职记》等都给服装流行的传播带来了动力。

六、服装流行趋势发布对服装业的影响

服装业如果缺乏正确而可靠的预测信息将功亏一篑。有了它，整个服饰世界才能发挥出旺盛的生命力和创造力。

第二节　服装款式设计风格

服装的各种款式都有自己独特的风格，但又具有共性，很多时候款式之间是互相雷同和相似的，所以要把握好各种款式本身的特点。

风格是指艺术家对艺术的独特见解以及用相应的手法表现出来的作品的面貌特征，风格必须借助于某种形式的载体才能体现出来。划分服装风格的角度很多，例如经典风格和前卫风格、平民风格和贵族风格、东方风格和西方风格、民族风格和世界风格、怀旧风格和超前风格、嬉皮风格和雅皮风格、都市风格和乡村风格等，在此，我们主要从造型角度对风格做简要的划分和概述。从造型角度把主要服装风格划分为八种：经典风格、前卫风格、运动风格、休闲风格、优雅风格、中性风格、轻快风格、名族风格。

一、经典风格

经典风格端庄大方，具有传统服装的特点，是相对比较成熟、能被大多女性接受的、讲究穿着品质的服装风格。从造型元素角度讲，经典风格多使用线造型和面造型，线造型多表现为分割线和少量装饰线，面造型相对规整且没有进行太多繁琐的分割。服装廓型多为X型和Y型，A型也经常被使用，而O型和H型则相对比较少。色彩以藏蓝、酒红、墨绿、宝石蓝、紫色等沉静高雅的古典色为主。面料多选用传统的精纺面料，花色以彩色单色面料、传统条纹面料和格子面料居多。正统的西式套装是经典风格的典型代表。长期安定的正统服装倾向风格严谨格调高雅（图6–7）。

图6–7

二、前卫风格

前卫风格的特点是离经叛道、变化万端、无从捉摸而又不拘一格。它超出通常的审美标准，任性不羁，以荒谬怪诞的形式，产生惊世骇俗的效果。它表现出一种对传统观念的叛逆和创新精神，是对经典美学标准做突破性探索而寻求新方向的设计，常用夸张、卡通的手法去处理型、色、质的关系。面料多选择奇特新颖、时髦刺激的，如真皮、仿皮、牛仔布、上光涂层面料等。

细节上出现不对称结构与装饰，有异于常规服装的结构与变化。领子比普通领型造型夸张且经常左右不对称，衣片和门襟也经常采用不对称结构，分割线随意无限制，袖山夸张，如膨起、挖洞或露肩等，袖口与袖身形态多变，袋型多为坦克袋、立体袋等体积较大的口袋。装饰多为毛边、破洞、磨砂、打补丁、挖洞、打铆钉等（图6–8）。

图6–8

三、运动风格

运动风格的服装品牌最常见的是Adidas、Nike等，穿着舒适，便于运动，功能性比较强，是借鉴运动装设计元素，充满活力、穿着范围较广的具都市气息的服装风格。在设计中较多运用块面风格与条状分割。从造型元素的角度讲，运动风格服装多使用面造型和线造型，而且多为对称造型，线造型以圆润的弧线和平挺的直线居多。面造型多使用拼接形式且相对规整，点造型使用较少，偶尔以少量装饰如小面积图案、商标的形式体现。

运动风格的服装廓型以H型、O型居多，自然宽松，便于活动，面料大多使用棉、针织或棉与针织的组合搭配等可以突出机能性的材料，色彩比较鲜明而闪亮，白色以及各种不同明度的红色、黄色、蓝色等在运动风格的服装中经常出现（图6-9）。

图6-9

四、休闲风格

休闲风格的服装是相对于正装来说的，比较轻松、随意、舒适，年龄层跨度较大，适应多个阶层日常穿着的服装风格。它是人们在无拘无束、自由自在的休闲生活中穿着的服装。休闲服装一般可以分为前卫休闲、运动休闲、浪漫休闲、古典休闲、民俗休闲和乡村休闲等。

在造型元素的使用上也没有太明显的倾向性。点造型和线造型的表现形式比较多，如图案、刺绣、花边、缝迹线等，面造型多重叠交错使用，以表现一种层次感。面料多为天然纤维面料，如棉、麻织物等，使用的面料强调面料的肌理效果，色彩比较明朗单纯。

休闲风格服装领型多变，连帽领使用很多。袖型变化范围很大，门襟对称不对称都有，但对称居多，使用拉链、按扣等，袋型多为较明显的大贴袋，经常加袋盖，在帽边、腰、领边、下摆经常用尼龙搭扣、商标、罗纹、抽绳等（图6-10）。

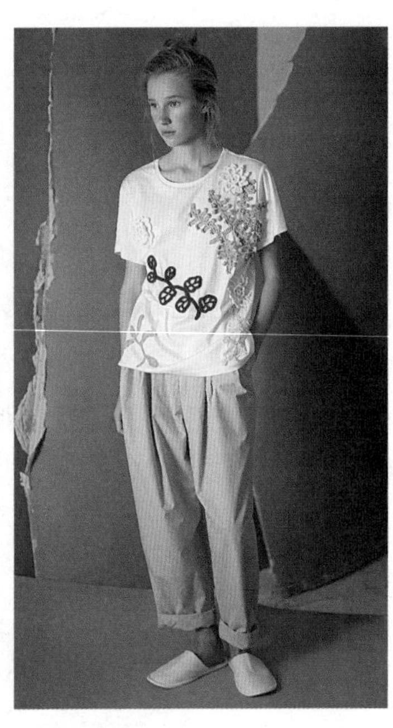

图6-10

五、优雅风格

优雅风格是具有较强的女性特征，兼具时尚感的较成熟、外观与品质较华丽的服装风格。讲究细部设计，强调精致感觉，装饰较女性化。外形线较多顺应女性身体的自然曲线，表现出成熟女性脱俗考究、优雅稳重的气质风范（图6-11）。

图6-11

在造型元素点、线、面的使用不太受限制。点造型以连接设计和少量点缀设计为主；线造型多表现为分割线和少量装饰线，装饰线的表现形式可以是线迹，也可以是工艺线或花边、珠绣等；面造型大多都是比较规整的。色彩多为柔和的灰色调，面料比较高档。细节领型不宜过大、翻领、西装领比较多，衣身合体，分割线以比较规则的公主线、腰节线为主，门襟对称，使用小贴袋、嵌线袋或无袋，袖型以筒型装袖为主。

六、中性风格

中性服装属于非主流的另类服装，随着社会的发展，人们寻求一种毫无矫饰的个性美，性别不再是设计师考虑的全部因素，介于两性中间的中性服装成为街头一道独特的风景。中性服装以其简约的造型满足女性在社会竞争中的自信，以简约的风格使男性享受时尚的愉悦。

女装的中性风格是指弱化女性服装的特征，部分借鉴男装设计元素，有一定的时尚度，较有品位而稳重的服装风格。中性风格的服装以线造型和面造型为主，且面造型大都对称规整，线造型以直线和斜线居多，而且大都表现为分割线的形式。点造型除必要的连接设计以外很少使用。体造型几乎不使用。廓型以直身型、筒型居多。色彩明度较低，灰色用得较多，较少使用鲜艳的色彩。面料选择范围很广，但是几乎不使用女性味太浓的面料（图6-12）。

图6-12

七、轻快风格

轻快风格是轻松明快、适应年龄层较轻的年轻女性日常穿着的、具有青春气息的服装风格。轻快风格的服装可以使用多种廓型，款式活泼较为夸张。

从造型元素看，可使用多种造型，点造型可以通过面料图案、工艺图案等多种形式体现。线造型使用直线、斜线和曲线等均可，可表现为分割线或装饰线。面料不受限制，棉、麻、丝、毛以及化纤织物均可使用，花色较多。色彩通常比较亮丽。细节设计，衣身比较短小，如超短裙、高腰设计、低腰设计等；门襟形式多变，还经常使用后开襟；多使用比较规整的袖、领，袖口多变化，如泡泡袖、灯笼袖、荷叶袖等（图6–13）。

图6–13

八、民族风格

民族风格是吸取中西民族服装特征，民俗服饰元素具有复古气息的服装风格，是对我国和世界各民族服装的款式、色彩、图案、材质、装饰等作适当的调整，吸收时代的精神、理念、借用新材料以及流行色等，以加强服装时代感和装饰感的设计手法，如波西米亚风格、吉卜赛风格等。它以民族服饰为蓝本，或以地域文化作为灵感来源，较注重服装穿着方法和长短内外的层次变化。

在造型元素的使用上最为灵活，根据设计时参照的民族服装的特点选用不同的造型元素。衣身宽松悬垂、多层重叠且经常左右片不对称，较少使用分割线；衣领多采用中式立领、抽褶领、方领等；袖型使用各种各样的喇叭袖、灯笼袖，袖口使用工艺如缺口、开衩、绣花、镶边等；门襟以中式对襟或斜襟居多，或者无门襟的套头衫；袋型为暗袋或无口袋设计；流苏、刺绣、缎带、珠片、盘扣、补子等装饰经常是强调服装民族风格时使用的装饰手法（图6–14）。

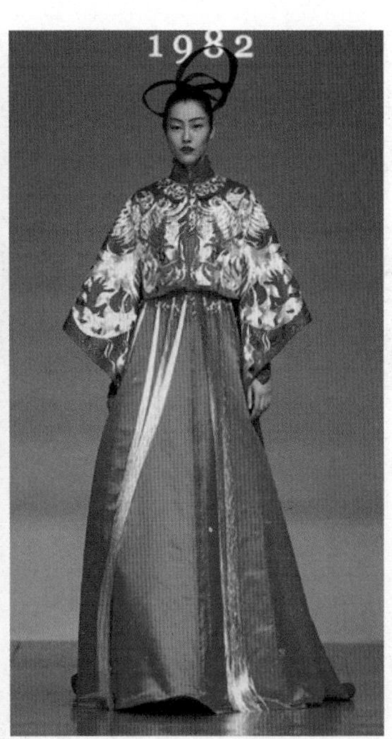

图6-14

第三节　流行趋势分析

过去和未来的某些元素都可以在当下呈现出来，而当下，正是联结过去和未来生活的边界线，是过去和未来的过渡阶段。探寻时间的轨迹，我们会发现遥远未来发出的讯息。当下流行的元素引导我们定位未来的色彩、外观和形状。

服装流行趋势是融文化、社会心理、经济、科学、审美为一体的综合性行为。服装流行趋势是在一定的空间和时间内为大多数人所认可并形成穿着潮流的一种社会现象。反映了相当数量人的意愿和行为需求，体现了时代精神、生活方式、情趣爱好和价值观念。与服饰有关的流行预测主要有五类：一是色彩，二是面料（图案），三是款式（细节），四是主题，五是配件。现代服装的一个明显趋势是更新周期越来越短，流行化成为服装消费的一个重要特征。因此，世界各发达国家都非常重视对服装流行及其预测的研究，定期发布服装流行趋势，以指导生产和消费。

一、流行色彩发布

根据季节的不同每年有两次流行色彩发布，分别为春夏流行色及秋冬流行色发布，如图6-15所示为2015～2016秋冬色彩趋势发布——主题聚集，如图6-16所示为2016春夏色彩趋势发布——主题彩色炮弹。

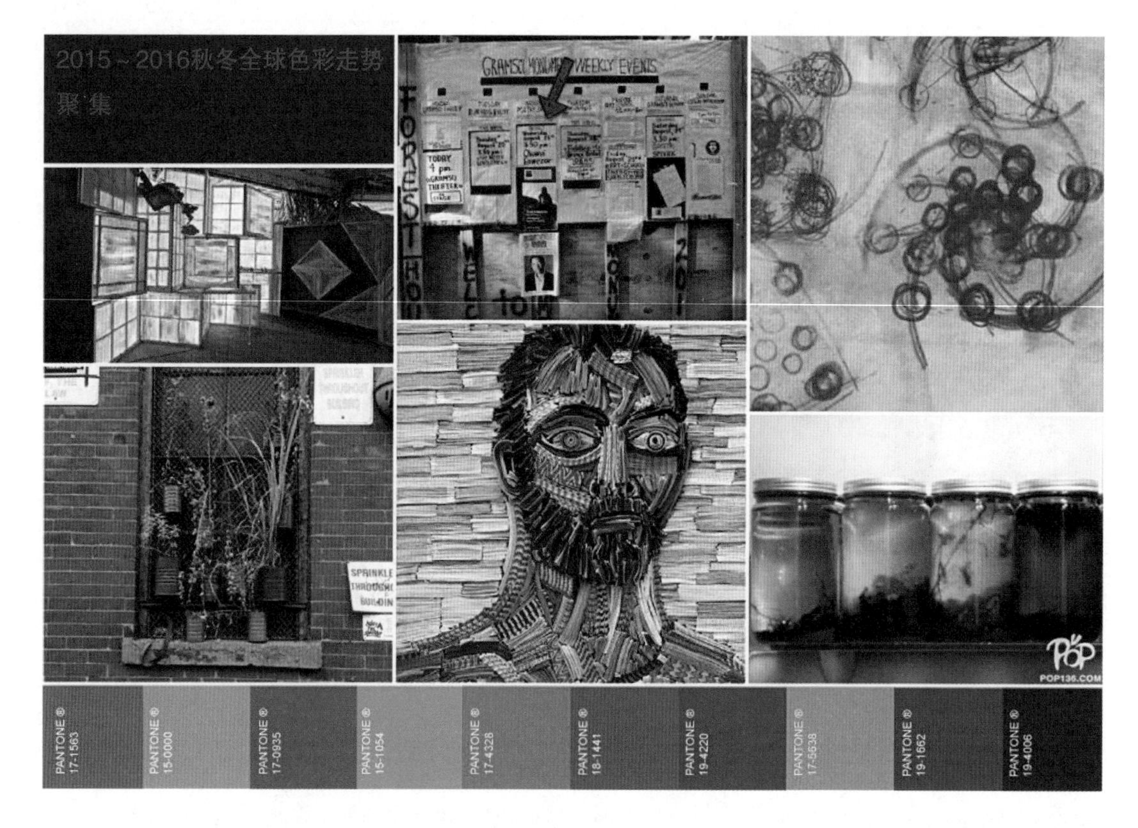
2015~2016秋冬全球色彩走势
聚集
PANTONE ® 17-1563
PANTONE ® 15-0000
PANTONE ® 17-0935
PANTONE ® 15-1054
PANTONE ® 17-4328
PANTONE ® 18-1441
PANTONE ® 19-4220
PANTONE ® 17-5638
PANTONE ® 19-1662
PANTONE ® 19-4006
POP136.COM

图6-15

WHITE
COLOR BOMB

图6-16

二、流行面料（图案）发布

在色彩流行趋势发布后，根据面料类型分为针织面料及机织面料，结合图案趋势进行流行面料发布，如图6-17所示为2016春夏面料趋势发布——主题自然镜头，图6-18所示为2016春夏海派面料趋势发布。

图6-17

图6-18

三、流行款式（细节）发布

在图案面料流行趋势发布后，针对流行趋势完成廓型的发布，并且会重点发布少女装廓型趋势，少女装为市场主力军，同时会结合款式细节完善发布，如图6-19所示为2016春夏女装关键款式趋势发布，图6-20所示为2016春夏男装毛衫款式趋势发布，图6-21所示为2016春夏内衣款式发布。

图6-19

图6-20

图6-21

四、流行主题发布

流行主题发布更多地突出设计主题概念，通过意境画出反映主题的含义，同时用文字语言解说主题，如图6-22为2016春夏主题发布。

图6-22

五、流行配件发布

在主题、色彩、款式（细节）、面料（图案）发布完成后，为了满足服装的整体搭配需要，同时会完成配件的趋势发布，配件趋势发布中的重点为包和鞋，如图6-23所示为2016春夏男装配件趋势发布。

图6-23

思考题

1．通过网络，收集分析最新一季春夏/秋冬的流行趋势，并将其以PPT形式制作。

2．通过书籍、杂志、网络等渠道收集不同的风格图片（针对某一风格进行），在收集的基础上完成1个系列3套设计（4开纸张对折，左边粘贴图片，右边画效果图）。

3．根据当下的流行趋势完成流行趋势提案的制作，提案包括主题、色彩、面料、配件等（8开纸张，电脑完成）。

参考文献

[1] 罗仕红，伍魏．现代服装款式设计 [M]．长沙：湖南人民出版社，2009.
[2] 徐亚萍．服装设计基础 [M]．上海文化出版社．2010.
[3] 刘晓刚．基础服装设计 [M]．上海：东华大学出版社．2010.
[4] 陈彬．服装设计·基础篇 [M]．上海：东华大学出版社．2012.
[5] 周朝晖．服装款式设计 [M]．哈尔滨：哈尔滨工程出版社．2009.
[6] 石历丽．服装款式设计1688例 [M]．北京：中国纺织出版社．2013.

附录　优秀学生作品赏析

附图1　点、线、面在系列中的运用

附图2 形式美法则在系列中的运用

附图3　服装外廓型系列设计效果图表现

附图4　A型款式设计款式图表现

附图5　H型款式设计款式图表现

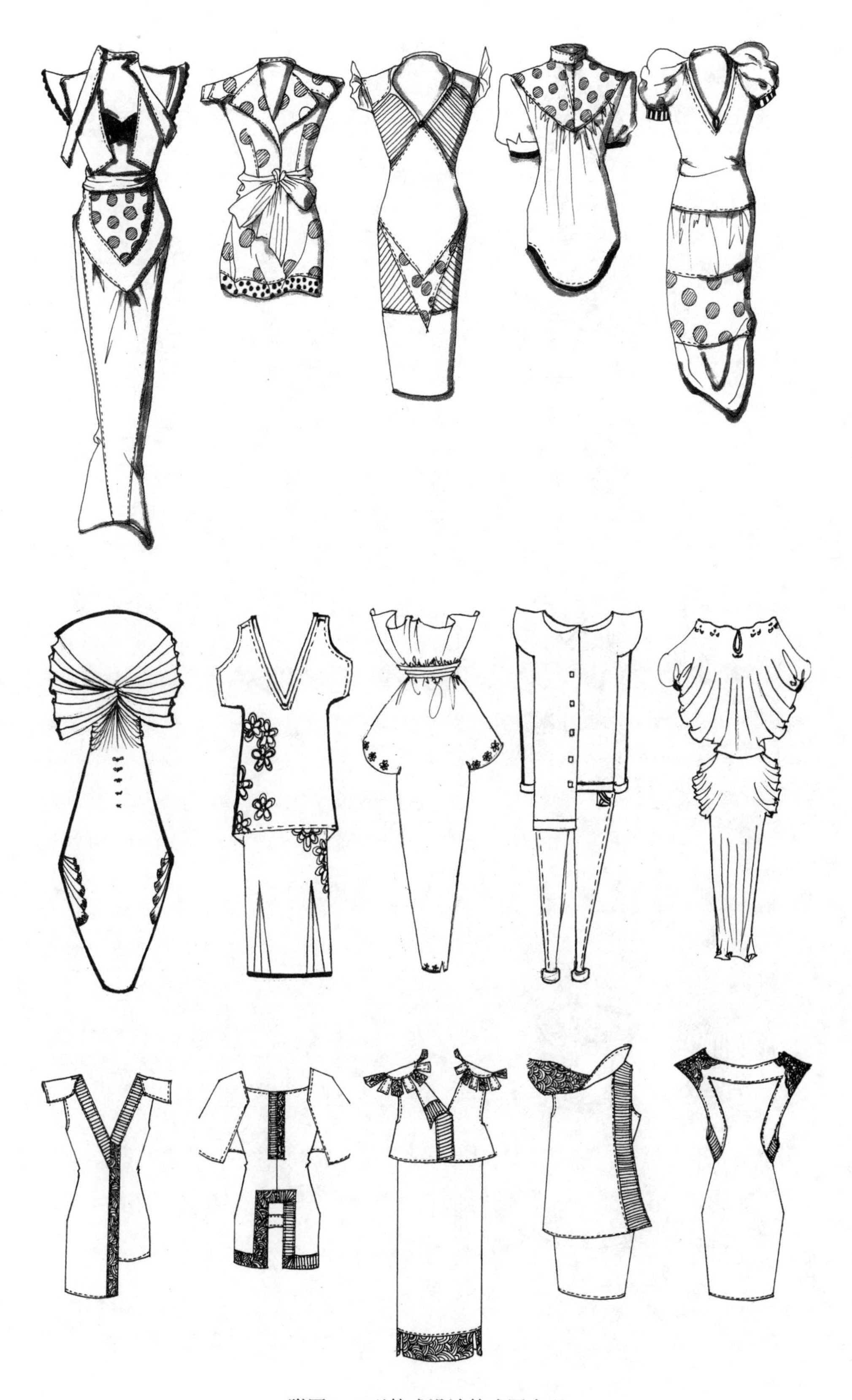

附图6　T型款式设计款式图表现

附图7 X型款式设计款式图表现

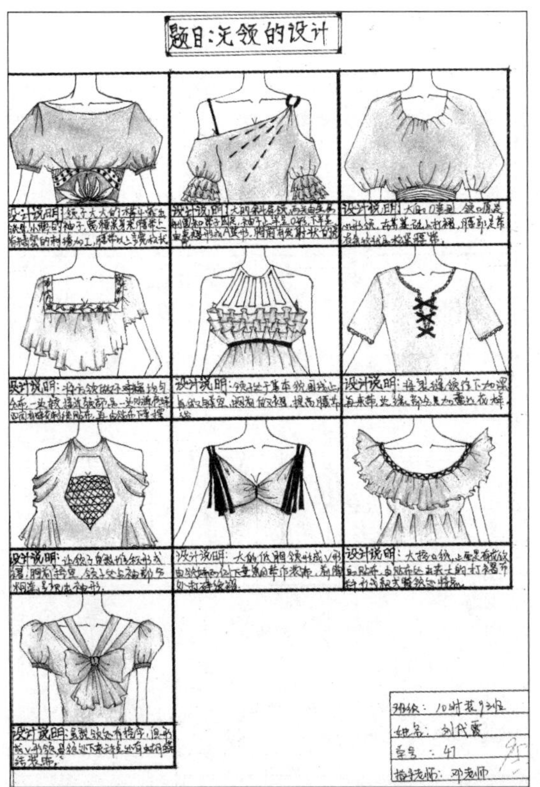

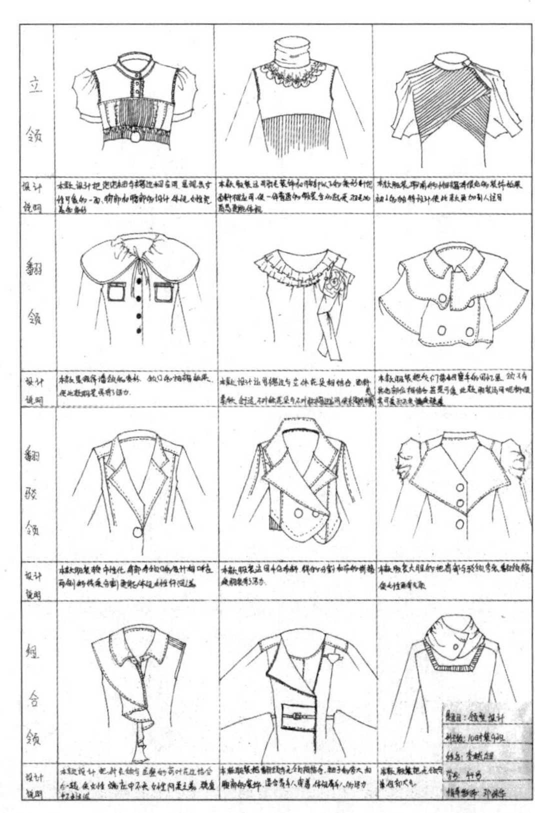

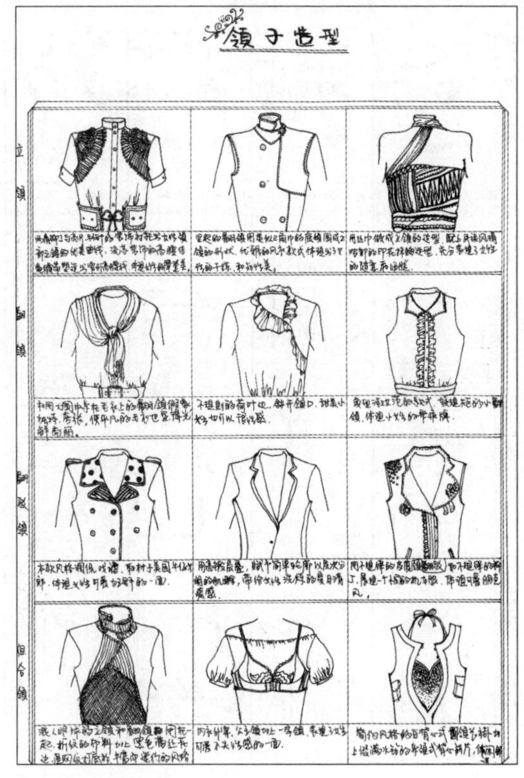

附图8 领子设计款式图表现

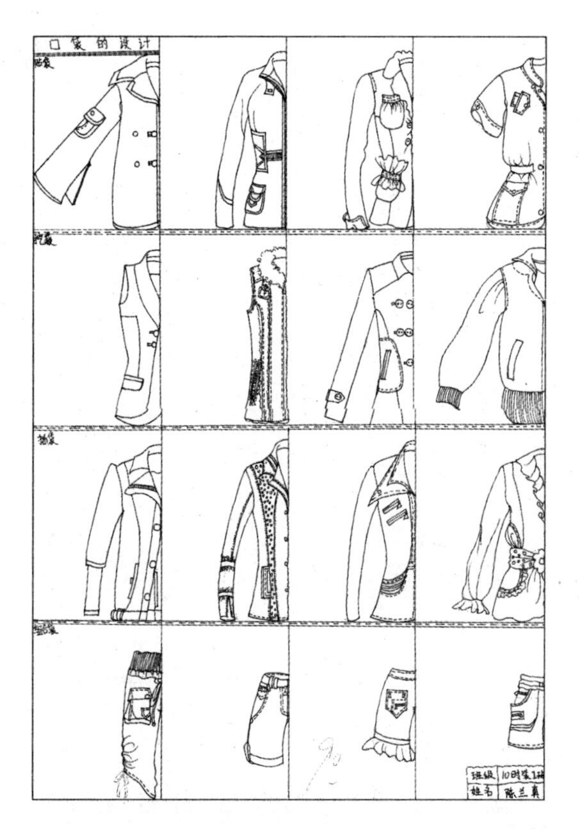

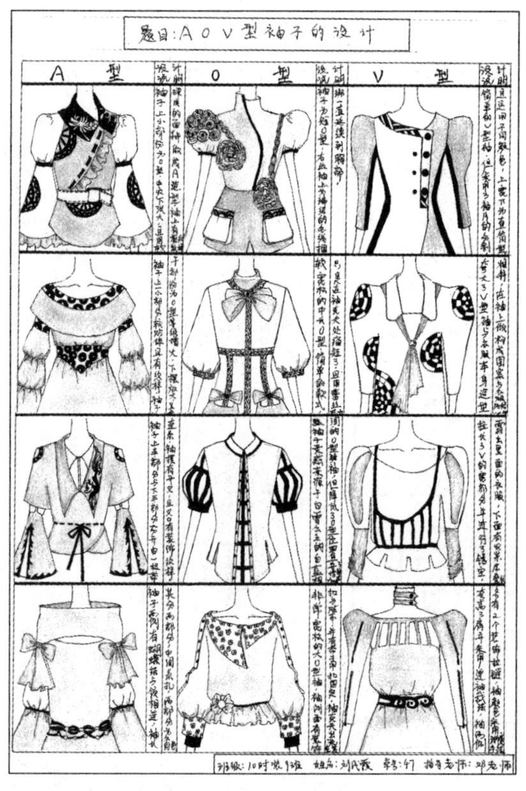

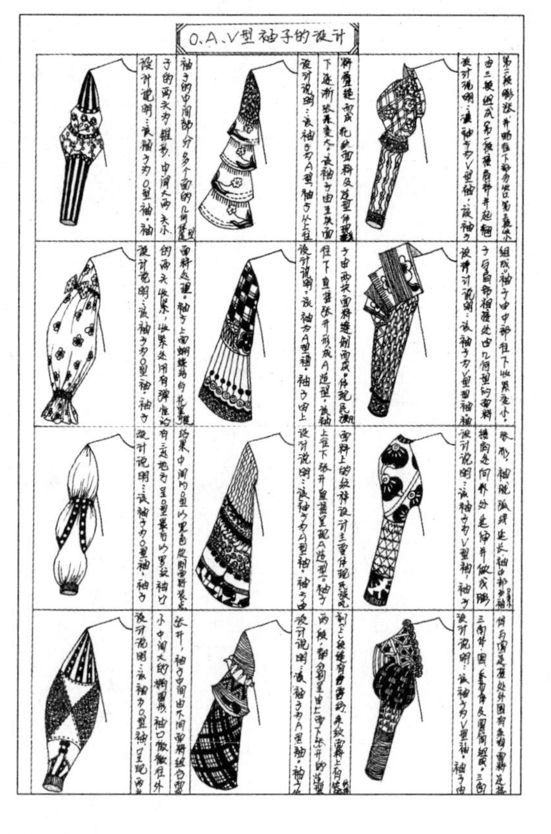

附图9　袖子设计款式图表现

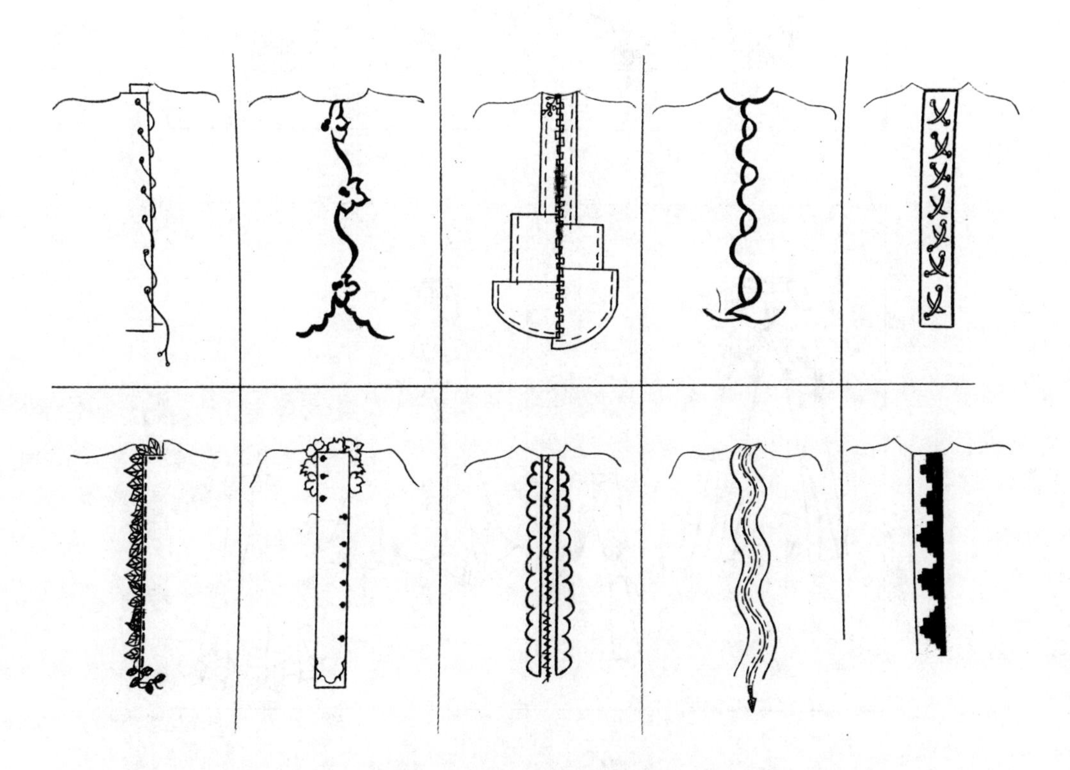

附图10 门襟设计款式图表现

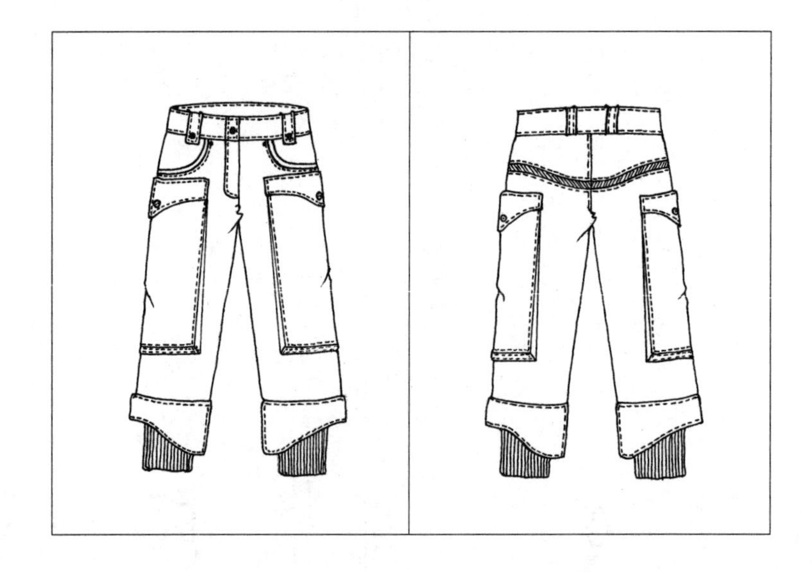

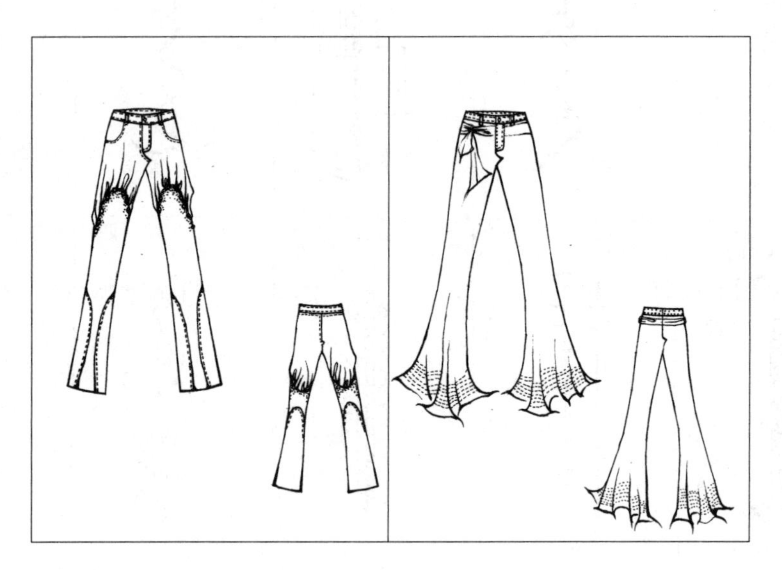

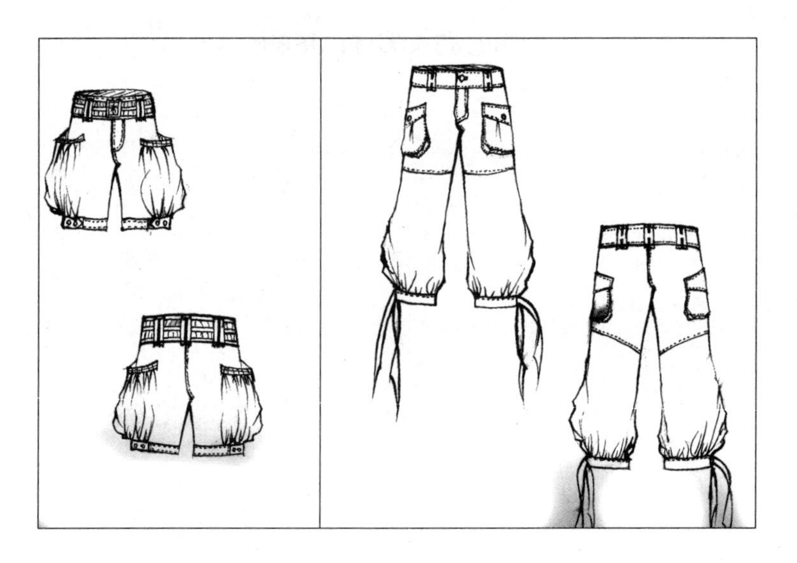

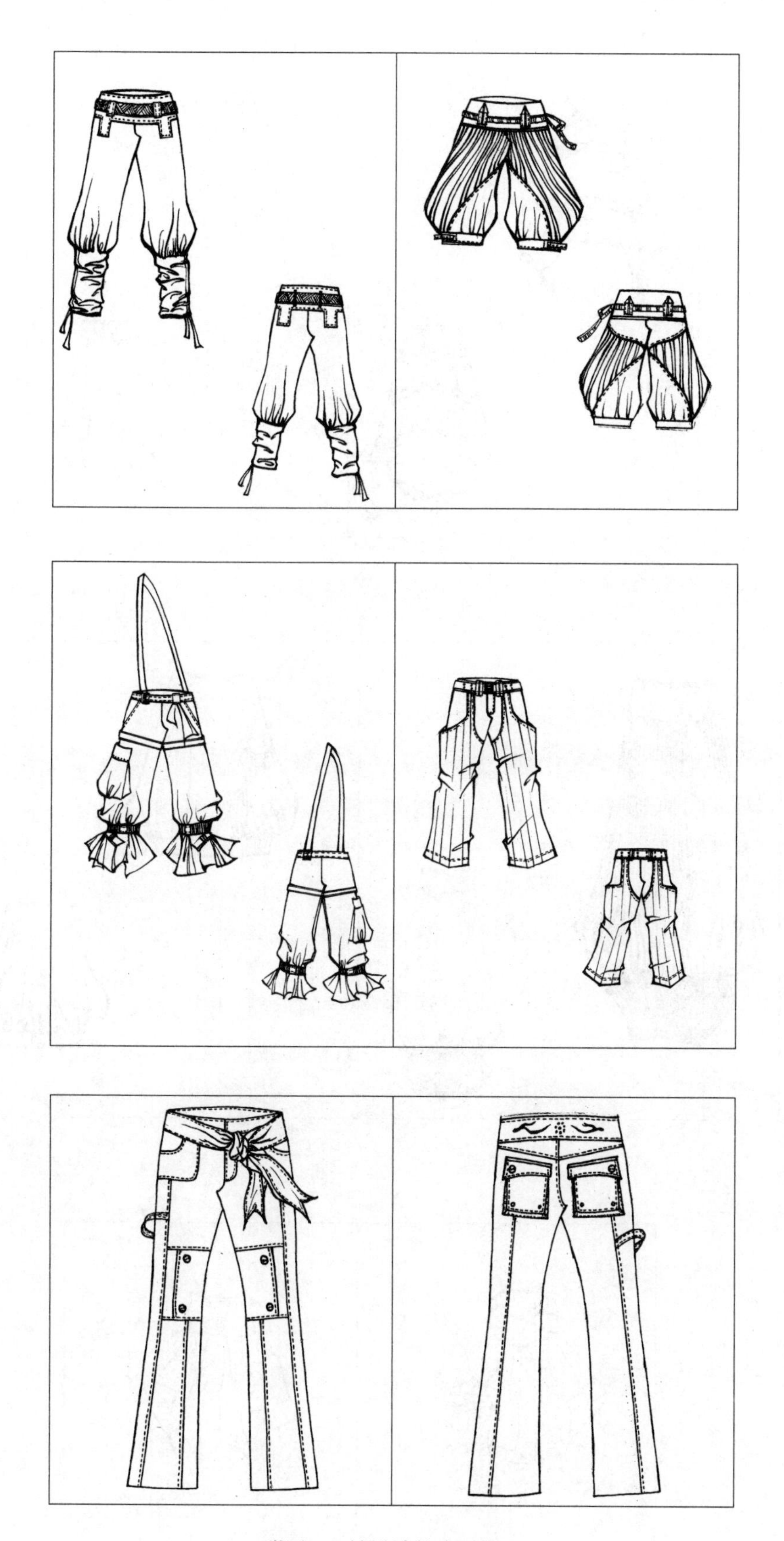

附图11　裤设计款式图表现

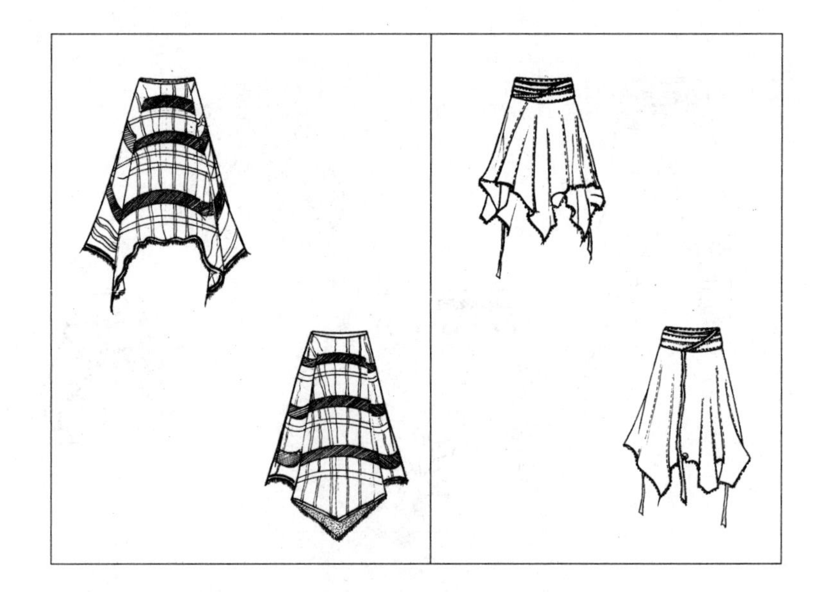

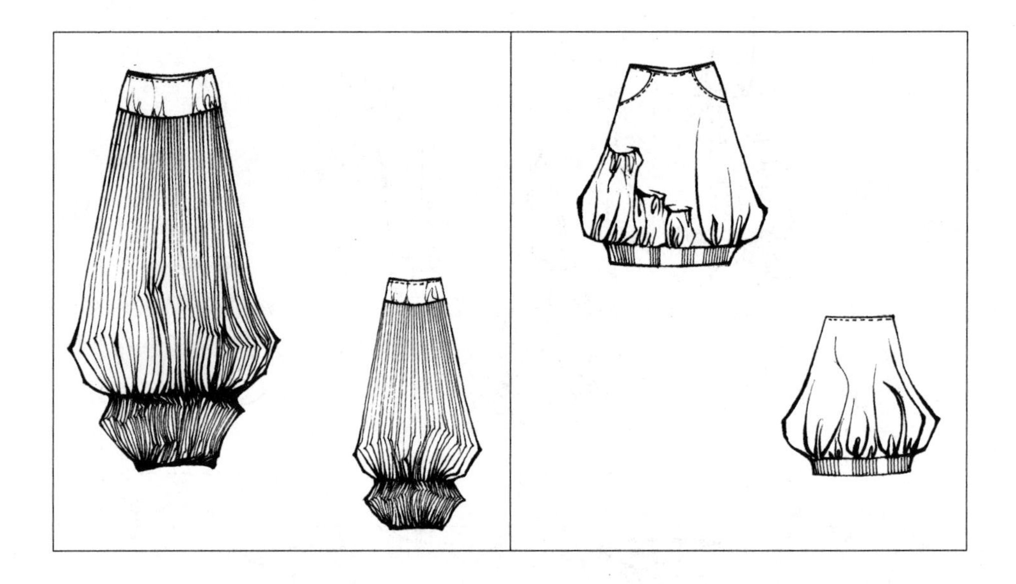

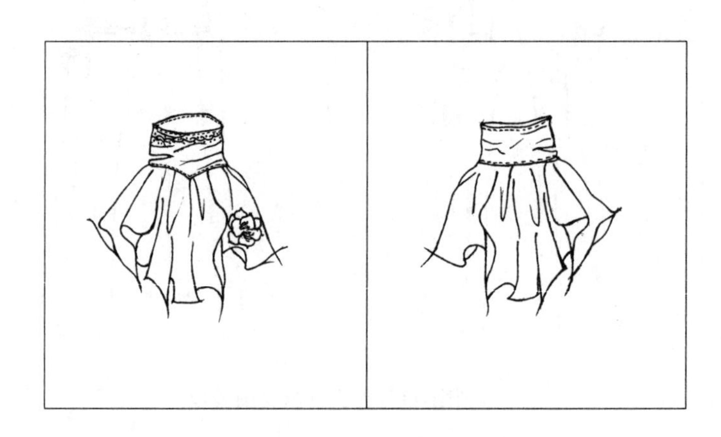

附图12 裙设计款式图表现

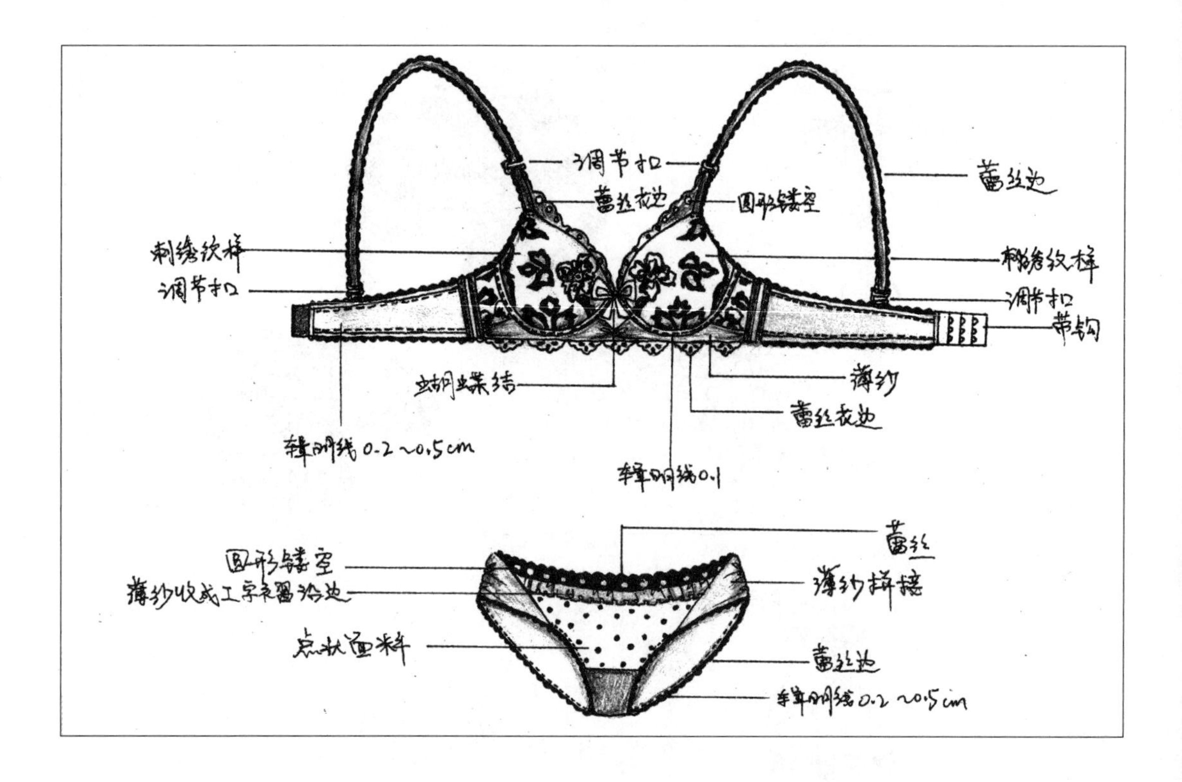

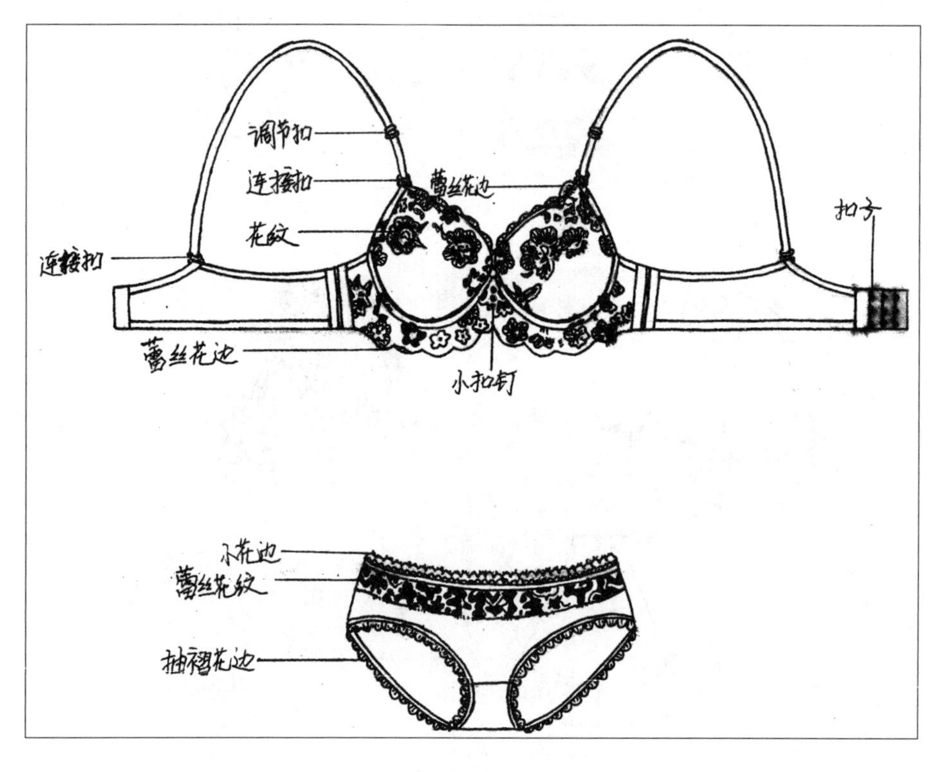

附图13　内衣设计款式图表现

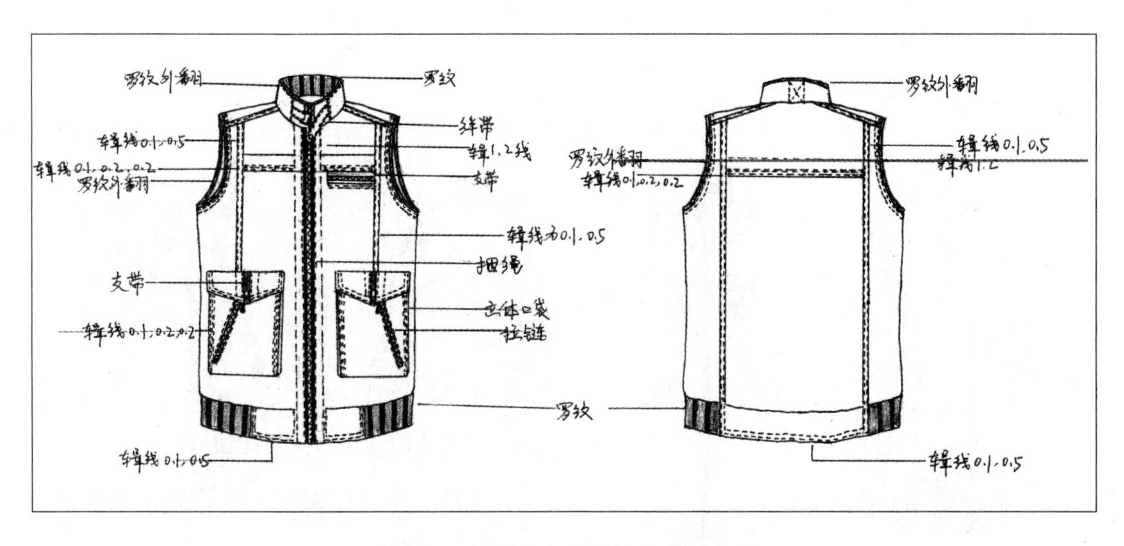

附图14 男款背心类设计款式图表现

附图15

附图15　女外套设计款式图表现

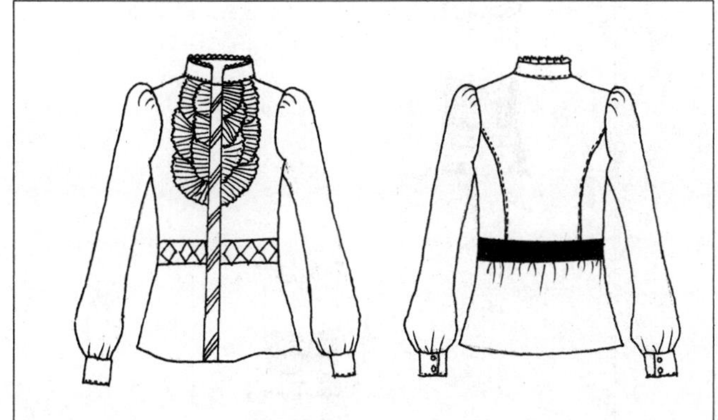

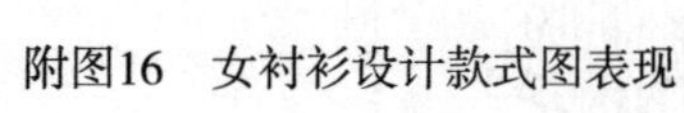

附图16 女衬衫设计款式图表现

附图17　女背心、T恤设计款式图表现

附图18　夹克衫设计款式图表现

附图19　当季流行款（效果图+款式图表现）